地理科学类专业实验教学丛书

高级语言及算法设计实验教程

傅学庆 李少丹 编著

科学出版社

北 京

内 容 简 介

本书整合了高级语言、数据结构与算法以及计算机图形算法基础三门实验课程内容，并充分考虑课程知识体系的内在联系和地理信息科学专业特点，设计了22个实验。主要内容包括：高级语言基础实验系列(实验1~9)，主要介绍开发环境、数据类型、语法基础、流程控制、面向对象基础等；高级语言深度开发实验系列(实验10~15)，主要介绍面向对象设计、Windows窗体、文件与数据库、委托与事件、多线程以及图形开发等；数据结构与算法系列实验(实验16~18)，主要介绍线性表、栈和队列结构的实现与应用；计算机图形算法基础(实验19~22)，主要介绍矢量图形数据结构设计、矢量线的裁剪、矢量多边形的剪裁与填充以及栅格数据结构设计等。

本书可作为地理信息科学及地理科学相关专业本科生、研究生的实验教材，也可供相关专业科研工作者参考。

图书在版编目（CIP）数据

高级语言及算法设计实验教程/傅学庆，李少丹编著. —北京：科学出版社，2020.2

（地理科学类专业实验教学丛书）

ISBN 978-7-03-064447-3

Ⅰ. ①高… Ⅱ. ①傅… ②李… Ⅲ. ①高级语言-程序设计-高等师范院校-教材 ②电子计算机-算法设计-高等师范院校-教材 Ⅳ. ①TP312②TP301.6

中国版本图书馆 CIP 数据核字（2020）第 027008 号

责任编辑：杨 红 / 责任校对：杨 赛
责任印制：张 伟 / 封面设计：迷底书装

科学出版社出版
北京东黄城根北街16号
邮政编码：100717
http://www.sciencep.com

北京凌奇印刷有限责任公司 印刷
科学出版社发行 各地新华书店经销

*

2020 年 2 月第 一 版　开本：720×1000　B5
2021 年 7 月第二次印刷　印张：13 3/4
字数：260 000

定价：49.00 元
（如有印装质量问题，我社负责调换）

河北省地理科学实验教学中心建设成果
"信息地理"河北省优秀教学团队建设成果

"地理科学类专业实验教学丛书"编写委员会

主　编：李仁杰

副主编：张军海　任国荣

编　委：(按姓名汉语拼音排序)

　　常春平　丁疆辉　傅学庆　郭中领　韩　倩
　　胡引翠　李继峰　李仁杰　李少丹　刘　强
　　任国荣　田　冰　王文刚　王锡平　严正峰
　　袁金国　张鉴达　张军海　郑东博

丛 书 前 言

在移动互联网飞速发展的今天，学生可以获取的教学资源日益丰富，教学模式趋向多元化，慕课、微课、共享资源课、VR 教学等新型教学方式极大地方便了学生的课堂外自主学习。传统课堂教学面临前所未有的挑战，许多教师也在尝试引入这些新的教学资源和方法，以适应时代的发展。但无论如何，大学教育的一个核心教学思想不会改变，那就是通过教学过程帮助学生建构学科知识体系，培育专业学科素养和创新性思维。教学过程使用的各类教学资源中，教材是支撑这一核心教学思想的最重要资源。无论传统纸质教材与现在流行的电子书形式差别有多大，都必须达到支撑上述思想的标准。

地理学的特点是综合性和区域性，地球表层系统空间各个要素不仅具有自身的空间分布格局与特征，也同其他地理要素具有空间联系并相互影响。地理学科的专业教材不仅要专注于解析地理学某一分支学科的知识体系，更应帮助学生建构与其他分支学科的关系。例如，自然地理学与人文地理学两门课程，既有相对独立的学科思想、理论和方法，也有共同的研究对象，我们可以借助全球变化研究中关于人类活动的环境响应等主题，实现两个分支学科关系的知识体系建构，进而培养学生综合性学术思维。

大学地理科学相关专业的课程实验是从理论到实践的教学过程，通过实验教学帮助学生深入理解其所建构的学科知识体系，完成基于理论方法解决实际学科问题的训练过程，并能够独立解决新问题，这是实验教学资源(特别是实验教程)应该实现的基本功能。

河北师范大学资源与环境科学学院的地理科学相关专业已有 60 多年的办学历史，一批批地理学者以科学严谨的学术探索和言传身教的人才培育为己任，笔耕不辍，出版了不少经典学术著作和优秀的教材。如今，学院继续蓬勃发展，2011 年获得地理学一级学科博士学位授予权，2014 年获批地理学博士后科研流动站，新的一批年轻地理学者也已经成长起来，风华正茂，希望他们能够继承优良传统，成就新的辉煌。恰逢 2015 年学院获批河北省地理科学实验教学示范中心，如何将优秀教学理念与方法向社会传播，实现优质教学资源的共建与分享，成为年轻一代教师们思考的重要问题。从当代地理科学发展的现状来看，大家一致认为，应该着重构建学生实践创新能力培养的多元化实验教学环境，将地理信息科学专业的实验教学作为示范中心重点培育的纽带项目，充分发掘互联网服务资源与功能，整合地理信息科学、自然地理学、人文地理学和其他相关学科的实验教学内容，逐步构建"多专业实验协同创新与环境共享的实验教学体系"，推进"教师科研创新引领下的实验教学改革模式"，全面实现示范中心教学资源共享。

任重而道远，我们必须脚踏实地，砥砺前行。地理科学实验教学系列教材的编著工作正式启动了。系列中的每本实验教程都不是对单一课程的独立实验描述，而是按照学科体系将学科知识关系密切的相关课程集成在一起，统一设计实验项目和内容。每本教材的内容设计与系列教材的总体架构，就是引导学生建构课程知识体系和培养学科思维模式的双层脉络。例如，地图学、空间数据管理与可视化和地理信息系统原理三门课程的集成实验，遥感导论与遥感数字图像处理两门课程的集成实验，测量学、全球导航定位系统原理和数字摄影测量三门课程的集成实验，以及地理信息数据挖掘与软件开发相关的课程集成实验等。

特别需要说明的是，实验教材系列中还有一本有关典型实验数据集的教材，数据来源包括政府开放数据(如社会经济统计数据)、科学共享数据(如全球30m分辨率数字地形、地表覆盖数据)、志愿者地理信息数据(雅虎YFCC数据集)等，这些典型数据集不仅可以支撑众多相关课程的实验教学训练，还可以帮助学有余力的同学寻找科学问题，开展创新性地理研究探索。

这套系列教材的执笔者都对大学教育情有独钟，他们中既有已过知命之年阅历丰富的教授，他们不忘初心，继续编写教程令人敬佩；也有肩负行政管理、科学研究和本科教学多重任务的中青年骨干，他们在繁重的工作中不求名利，守望净土，让人欣喜；更有刚刚入职的青年才俊，他们初生牛犊、意气风发，使人振奋。整套系列教材完全编写完毕会超过20本的规模，以地理信息科学专业的9本实验教材为主，再加上前期积累较好的地理教育教学实践教材，作为引领启动的一期工程。二期工程将以地理学科相关本科专业的核心课程为基础，整合实验室基础实验和野外实习实验，并与一期工程的相关教材形成内容互补、体系呼应的整体成果。希望通过大家的努力，影响更多教师投入到系列教材编写中，为地理科学专业人才培养做出贡献。当然，我们不追求教材的形式，正如开篇所述，无论是纸质书还是电子书，还是直接发布到互联网进行共享和传播教材资源，最重要的是教材要有设计思想，要以合适的形式不断发展演进，主动适应快速变化的学科理论和方法，要能够支持慕课、微课和VR教学等各种新型教学模式，最终以培养学生的创新性思维和专业素养为最高价值目标。

李仁杰

2018年8月

前　言

程序设计与开发一直是地理信息科学专业培养的一项重要内容，而"高级语言"、"数据结构与算法"和"计算机图形学"的基础算法部分是形成良好开发能力的重要基石。但是，程序设计与开发类课程是许多地理信息科学专业学生的"痛点"，许多学生表示，"非常喜欢 GIS 专业，但是一讲程序开发就头疼"。这又何尝不是相关老师在教学上的"痛点"呢？面对这样的情况，我们认真分析了程序设计与开发类课程的关系，将"高级语言"、"数据结构与算法"和"计算机图形学"三个实验课程部分结合起来，形成程序设计基础实践教学部分，编写了本书。

程序设计从基础到高阶学习，也表现出从通用知识向专业领域发展的趋势。结合地理信息科学专业特点，程序设计高阶部分、数据结构与算法应用实例采用了几何图形领域的案例，既可以有效衔接计算机图形学的部分内容，同时还可以帮助学生更好地理解 GIS 软件平台图形部分的设计原理与思路。图形部分实验比例较大是本书的一大特色。

本书从设计到出版历时 4 年左右。编写过程中，作者力图通过实验设计，不只教会学生相关开发实验的设计与操作步骤，更希望让学生理解实验背后的原理；不只是让学生理解某一门课程知识，而是帮助学生打通多门课程的知识体系架构，从而培养其综合实践能力与创新思维。

本书由傅学庆设计、统稿和定稿。具体编写分工如下：实验 1 至实验 11 由李少丹设计完成；实验 12 至实验 15 由傅学庆、刘伟和王倩倩共同设计完成；实验 16 至实验 21 由傅学庆设计完成；实验 22 由杜冲设计完成。研究生余磊对本书文字进行了校对。在本书编写过程中，许多老师和同学提出了很好的建议，在此一并表示衷心的感谢！

书中大部分程序代码由作者自主编写，虽然已在教学中编译通过，但难免存在设计或逻辑上的缺陷，请读者不吝批评指正！

作　者

2019 年 10 月 25 日

目 录

丛书前言
前言
实验 1　认识开发环境 ··1
　　1. Visual C# 2012 集成开发环境 ···1
　　2. 使用帮助系统 ···3
　　3. 用 C#创建 Windows 窗体应用程序 ···4
　　4. 用 C#创建控制台应用程序 ···7
　　5. 自主练习 ···8
实验 2　数据类型 ···9
　　1. 数值类型 ···9
　　2. 字符和字符串类型 ···10
　　3. 布尔类型 ···11
　　4. 枚举类型 ···12
　　5. 数据类型转换 ···12
　　6. 自主练习 ···13
实验 3　选择 ···14
　　1. if 语句 ··14
　　2. switch 语句 ··17
　　3. 自主练习 ···20
实验 4　循环 ···21
　　1. for 循环语句 ··21
　　2. while、do…while 语句 ··22
　　3. 循环嵌套 ···24
　　4. 自主练习 ···27
实验 5　方法(函数) ··28
　　1. 方法 ···28
　　2. 静态方法 ···31
　　3. 自主练习 ···33
实验 6　流程与异常处理 ···34
　　1. 流程 ···34
　　2. 异常处理 ···37
　　3. 自主练习 ···42

实验 7　数组的使用 ··· 43
　　1. 数组元素的遍历 ··· 43
　　2. 数组排序 ·· 45
　　3. 二维数组及多维数组 ··· 49
　　4. 自主练习 ·· 50

实验 8　字符串的处理 ··· 51
　　1. 字符查找 ·· 51
　　2. 字符填充和修剪 ··· 52
　　3. 字符截取、插入和删除 ·· 53
　　4. 字符替换和连接 ··· 54
　　5. 自主练习 ·· 56

实验 9　类的定义和使用 ··· 57
　　1. 类的组成 ·· 57
　　2. 类的继承和派生 ··· 59
　　3. 类的多态性 ··· 61
　　4. 抽象类和抽象方法 ·· 63
　　5. 自主练习 ·· 65

实验 10　Windows 窗体应用 ··· 66
　　1. Button、Label、TextBox 控件的使用 ································· 66
　　2. RadioButton、CheckBox、ComboBox、ListBox 控件的使用 ······· 67
　　3. PictureBox、GroupBox、MessageBox 和 OpenFileDialog ········ 70
　　4. 菜单设计 ·· 73
　　5. 自主练习 ·· 76

实验 11　文件访问应用 ·· 78
　　1. 文件流 ··· 78
　　2. 流的文本读写器 ··· 79
　　3. 流的二进制读写器 ·· 81
　　4. 文件的管理 ··· 84
　　5. 自主练习 ·· 85

实验 12　数据库访问应用 ··· 86
　　1. ADO.NET 概述 ·· 86
　　2. C#连接数据库应用 ··· 87
　　3. 自主练习 ·· 93

实验 13　委托与事件应用 ··· 94
　　1. 委托 ·· 94
　　2. 事件 ·· 96

  3. 自主练习 ··· 99

实验 14 泛型与多线程应用 ··················· 100
  1. 泛型应用 ··· 100
  2. 多线程应用 ··· 102
  3. 自主练习 ··· 104

实验 15 图形开发技术应用 ····················· 105
  1. 绘制柱状图 ··· 105
  2. 绘制正弦曲线 ··· 107
  3. 坐标变换演示 ··· 110
  4. 绘制验证码 ··· 113
  5. 自主练习 ··· 114

实验 16 线性表的设计与应用 ················· 115
  1. 顺序表类的设计与实现 ····························· 115
  2. 单链表类的设计与实现 ····························· 118
  3. 线性表的应用 ··· 121
  4. 自主练习 ··· 126

实验 17 栈的设计与应用 ··························· 127
  1. 链栈的设计与实现 ····································· 127
  2. 链栈的应用 ··· 129
  3. 自主练习 ··· 137

实验 18 队列的设计与应用 ······················· 138
  1. 队列类的设计与实现 ································· 138
  2. 队列的应用 ··· 141
  3. 自主练习 ··· 147

实验 19 简单矢量图形设计与应用 ··········· 148
  1. 点符号类的设计与实现 ····························· 148
  2. 折线类的设计与实现 ································· 149
  3. 多边形类的设计与实现 ····························· 151
  4. 点、线、面简单绘图系统的实现 ············· 152
  5. 自主练习 ··· 172

实验 20 矢量线的裁剪 ······························· 173
  1. 算法分析 ··· 173
  2. 裁剪算法的实现 ······································· 175
  3. 自主练习 ··· 179

实验 21 矢量多边形的裁剪与填充 ··········· 180
  1. 多边形的裁剪 ··· 180

2. 多边形的扫描填充 …………………………………… 184
  3. 自主练习 …………………………………………… 193
实验 22　栅格数据结构设计应用 …………………………… 194
  1. 栅格类的设计与实现 ………………………………… 194
  2. 栅格类的数据读写 …………………………………… 198
  3. 网格的应用 ………………………………………… 202
  4. 自主练习 …………………………………………… 205
参考文献 ………………………………………………………… 206

实验 1　认识开发环境

Visual Studio.NET 2012 开发环境支持 Visual Studio 语言 Visual Basic、C++、C#、F#、JavaScript，即这 5 种语言使用相同的集成开发环境。集成开发环境是一组软件工具，集应用程序的设计、编辑、调试、运行等多种功能于一体，为应用程序的开发带来了极大便利。

实验目的：初步了解 Visual Studio.NET 2012 开发环境；熟悉 MSDN 帮助的使用；举例说明简单的 Windows 窗体应用程序和控制台应用程序的开发。通过本节的学习，初学者可以对 Visual C# 2012 有一个初步的认识，并对应用程序的开发步骤有所了解。

相关实验：Windows 窗体应用程序实验和控制台应用程序实验。

实验内容：熟悉 Visual C# 2012 开发环境；了解简单的 Windows 窗体应用程序和控制台应用程序。

1. Visual C# 2012 集成开发环境

依次执行"开始"→"所有程序"→"Microsoft Visual Studio 2012"→"Microsoft Visual Studio 2012"命令，出现如图 1-1 所示的界面。

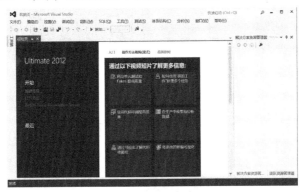

图 1-1　Visual Studio 2012 界面

开发一个 Visual C# 2012 应用程序，首先是创建一个新的项目。项目包含应用程序的所有原始资料，如源代码文件、资源文件、对程序所依赖的外部文件的引用，以及配置数据(如编译器设置)。

创建新项目的方法通常有三种：

(1) 通过执行"文件"→"新建"命令，然后单击"项目"来创建新项目。

(2) 在"起始页"页面上的"开始"板块中单击"新建项目"来创建新项目，如图 1-2 所示。

(3) 单击"工具栏"中的 命令按钮来创建新项目。

创建新项目时首先出现的是如图1-3所示的对话框，然后在对话框中逐个确定有关信息：

(1) 确定项目类型。在"模板"选项组中选择"Visual C#"。

(2) 选择模板。在"Visual C#"选项组中选择"Windows窗体应用程序"。

(3) 输入项目名称。在"名称(N)："后的文本框中输入项目名称，例如，Chp01-01。

图1-2 "起始页"页面上的"新建项目"

(4) 确定存储位置。在"位置(L)："后的文本框中输入(或者通过"浏览"按钮选择)存储位置，例如，C:\User\pc\Documents\Visual Studio 2012\Projects。

(5) 此时，"解决方案名称(M)："后的文本框中显示名称Chp01-01。

(6) 单击"确定"按钮，则Chp01-01项目创建成功，系统进入Visual C#集成开发环境，如图1-4所示。这时，系统跳转到【Form1.cs[设计]】视图，显示名为"Form1"的Windows窗体。

图1-3 "新建项目"对话框

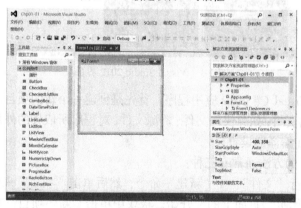

图1-4 新创建的Chp01-01项目

2. 使用帮助系统

学会使用帮助系统是学习 Visual C#的重要组成部分。Visual Studio.NET 的一大特点就是包括了一个广泛的帮助工具，提供了丰富的、人性化的帮助方式和帮助信息，帮助工具包括用于 Visual Studio IDL、.NET Framework、C#、J#、C++等的参考资料。使用帮助系统可以查看任何 C#语句、类、属性、方法，还可以从中获取许多编程的例子。

Visual Studio .NET 的联机帮助是基于 MSDN Library 的，使用前需要安装 Visual Studio 2012 MSDN。对于程序设计的初学者，可以通过以下方法从大量的信息中筛选所需的帮助信息。

(1) 目录。在"帮助"菜单中执行"添加和移除帮助内容"命令，就可以进入帮助主窗口，其左侧显示"目录"面板，如图 1-5 所示。在"目录"面板中，可以快速地对 MSDN 的结构有一个大致的了解，起到导航的作用。对于 MSDN 文档库较熟悉的用户可以从目录入手，查找感兴趣的内容阅读。

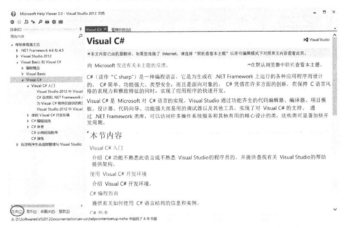

图 1-5　目录面板

(2) 索引。对不熟悉文档库的用户可以使用 MSDN 提供的索引功能。在"帮助"菜单中执行"添加和移除帮助内容"命令，进入帮助主窗口，点击左侧下方的"索引"面板，在"包含"文本框中输入需要查询的内容后，例如，输入关键字"class"，按 Enter 键，MSDN 将自动转到最匹配的技术文档，如图 1-6 所示。

(3) 搜索。MSDN 还为使用者提供了一种强大的搜索功能，可以提供对本地、MSDN Online、Codezone 社区等许多文档库的详细搜索。在"帮助"菜单中执行"添加和移除帮助内容"命令，进入帮助主窗口，点击左侧下方的"搜索"面板，在"搜索"文本框中输入需要搜索的内容后，例如，输入关键字"const"，按 Enter 键，搜索结果以概要的方式显示在主界面中，可以根据需要选择不同的文档阅读，如图 1-7 所示。

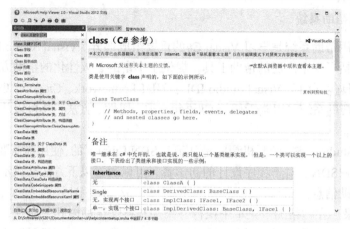

图 1-6　索引面板

图 1-7　搜索面板

(4) 网络资源。可以通过访问 MSDN 网站(http://www.microsoft.com/china/msdn)，获得最新、最及时的相关帮助信息。

3. 用 C#创建 Windows 窗体应用程序

Windows 窗体应用程序，指基于 Windows Forms 的项目。Windows 应用程序允许以图形方式进行人机交互(操作 Windows 应用程序类似于使用 Windows 操作系统)。下面通过一个简单的实例说明建立完整的 Windows 窗体应用程序的步骤。

程序示例 1　在文本框中输入文字"张三，你好！"。

建立一个 Windows 窗体应用程序包括以下步骤。

1) 设计用户界面

(1) 创建项目。首先创建一个项目，前面第 1 节已创建了项目 Chp01-01，如图 1-4

所示。如果该项目已关闭，则在起始页的"最近"板块中单击 Chp01-01 图标，即可打开。

(2) 设计用户界面。调整窗体大小并添加文本框。调整窗体至合适的大小，然后展开工具箱中的"公共控件"选项卡，选中"TextBox"工具按钮，并将其拖拽到窗体中，为窗体添加一个文本框控件，调整文本框的长度。使用与添加文本框相同的方法，为窗体添加两个 Button 控件(命令按钮)，并调整其大小和位置，如图 1-8 所示。

图 1-8　添加控件后的窗体

2) 设置对象的属性

控件添加后，接着对窗体及窗体上的各个控件进行属性设置，窗体、文本框、命令按钮的属性设置如表 1-1 所示。

表 1-1　对象属性设置

对象类型	对象名称	属性	设置结果
窗体	Form1	Text	欢迎
文本框	TextBox1	Name	txtShow
		ReadOnly	True
命令按钮	button1	Name	btnOK
		Text	确定
	button2	Name	btnClose
		Text	关闭

图 1-9　设置属性后的用户界面

需要说明的是，文本框的 ReadOnly 属性用于控制文本框是否可读。本程序中的文本框只用于显示文本，所以将其设置为 True。设置对象属性后的用户界面如图 1-9 所示。可以看到，文本框呈现灰色，表明该文本框是只读的，在程序运行过程中不允许改变其中的文本内容。

3) 编写程序代码

(1) 首先双击"确定"(名称为 btnOK)按钮，打开代码窗口，如图 1-10 所示。

窗口中的"InitializeComponent();"语句用于初始化窗体控件或组件，由系统自动生成，一般情况下不要对其进行修改。

然后，在 btnOK 按钮的 btnOK_Click 事件中(光标所在的位置)输入代码：
txtShow.Text ="张三，你好！";

该代码的含义是，在文本框 txtShow 中显示"张三，你好"字样。

(2) 返回用户界面设计窗口，双击"关闭"(名称为 btnClose)按钮，在打开的代码窗口的 btnClose_Click 事件中输入代码：Application.Exit();

该代码的含义是，关闭窗体，并结束应用程序的运行。

输入代码后的代码窗口如图 1-11 所示。至此，程序的代码输入完成。

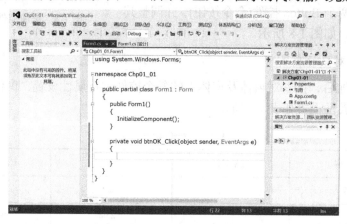

图 1-10 双击后的代码窗口

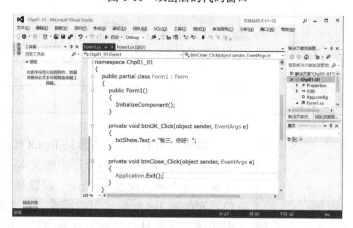

图 1-11 编写好代码后的代码窗口

4) 保存、调试与运行程序

(1) 保存文件。在窗体和代码设计好后，应当及时保存文件，以防止调试和运行程序时发生死机等意外而造成数据丢失。常用的文件保存方法如下：① 选择"文件"→"保存"或者"全部保存"命令。② 单击工具栏中的"保存"或者"全部保存"按钮。

除使用上述方法保存文件外，在进行程序编译时系统会自动保存所有的项目文件，编译成功后不需要再使用菜单命令来保存文件。

(2) 调试和运行程序的方法如下：① 选择"调试"→"启动调试"命令。② 直接按 F5 键。③ 单击工具栏中的 ▶ 启动 按钮。

启动调试后，程序显示如图 1-12 所示的运行界面。

在运行窗口上单击"确定"按钮，窗口的文本框中显示"张三，你好!"字样，如图 1-13 所示。

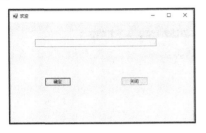

图 1-12　运行界面

图 1-13　运行窗口

最后，单击"关闭"按钮，运行窗口关闭，应用程序运行结束。

需要说明的是，如果程序不能正常运行，编译器会给出相应的提示，根据提示对程序进行修改，直到程序能正常运行为止。

(3) 退出开发环境。选择"文件"→"退出"命令，退出开发环境。如果系统提示是否保存，应当对该项目文件再次保存。

4. 用 C#创建控制台应用程序

Visual C#经常用于创建 Windows 窗体应用程序，除此之外，还可以用来创建其他类型的应用程序，举例说明使用 C#创建控制台应用程序的基本步骤。

程序示例 2　在控制台窗口中输出"Hello World!"字样。

使用 C#创建控制台应用程序的基本步骤如下。

1) 创建项目

(1) 执行"文件"→"新建"→"项目"命令，弹出"新建项目"对话框，如图 1-3 所示。

(2) 在"Visual C#"选项组中选择"控制台应用程序"，在"名称"文本框中输入 Chp01-02，在"位置"文本框中输入 C:\User\pc\Documents\Visual Studio 2012\Projects。

(3) 单击"确定"按钮，进入 C#编辑状态，如图 1-14 所示。

2) 编辑 C#源代码

(1) 在代码编辑器的 Main 方法所在行的下一行的"{"后按 Enter 键，在新的一

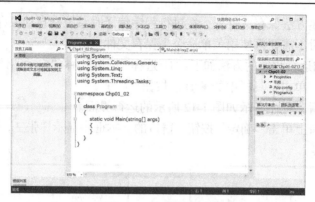

图 1-14　C#编辑状态

行中输入代码：

Console.WriteLine("Hello World!");

Console.ReadKey();

(2) 保存文件，单击工具栏中的"保存"按钮或执行"文件"→"保存 Program.cs"命令。

3) 编译并运行程序

编译并运行程序的方法有三种：

(1) 选择"调试"→"启动调试"命令。

(2) 直接按 F5 键。

(3) 单击工具栏中的 ▶ 启动 按钮。

上述三种方式都是编译和运行同步完成的，还有编译和运行分步完成的方式：首先，执行"生成"→"生成解决方案"，系统开始编译项目。编译成功后，执行"调试"→"开始执行(不调试)"命令。

图 1-15　控制台窗口

程序执行后，控制台窗口如图 1-15 所示。当单击键盘上任一按键后，控制台窗口关闭。

需要说明的是，代码"Console.ReadKey();"告诉程序在结束前等待按键，这种技术将在后面的控制台程序中多次使用。

5. 自主练习

(1) 创建一个 Windows 窗体应用程序，设置窗体的 Text 属性为"我的 Windows 窗体应用程序"。

(2) 创建一个 C#控制台应用程序，输出"这是我的新程序"。

实验 2 数 据 类 型

C#的数据类型可以分为两类：值类型和引用类型。值类型直接存储值，而引用类型存储的是对值的引用。值类型包括简单值类型和复合型类型。简单值类型可以分为整值类型、字符类型、布尔类型；复合型类型包括结构和枚举。引用类型包括类、接口、委托和数组。本小节主要介绍值类型，引用类型将在后面章节进行详细介绍。

实验目的：通过对常用数据类型的练习，使学生理解并初步掌握 C#常用数据类型的常量和变量声明，以及数据类型转换的方法。

相关实验：数值类型实验、字符串类型实验、布尔类型实验、枚举类型实验及数据类型的转换实验。

实验内容：掌握数据类型中数值类型、字符和字符串类型、布尔类型和枚举类型；以控制台应用程序为例，实现几个简单值类型的常量和变量声明，以及数据类型的转换。

1. 数值类型

数值类型，分为整数类型和实数类型。

整数类型的变量的值为整数。C#共有 8 种整数类型，包括有符号整数和无符号整数。有符号整数可以带正负号，无符号整数不需带正负号，默认为正数。有符号整数包括 sbyte、short、int、long；无符号整数包括 byte、ushort、uint、ulong。

实数由整数和小数组成。实数在 C#中有三种数据类型，分别是 float、double、decimal。它们的差别在于取值范围和精度不同。

程序示例 1 从键盘上输入两个整数，对这两个数分别进行求和、差、积、商、求余等运算，并输出相关结果。

```
using System;
namespace Chp02_01
{
    class Program
    {
        static void Main(string[] args)
        {
            Console.WriteLine("请输入数字a: ");
            double a = double.Parse(Console.ReadLine());
            Console.WriteLine("请输入数字b: ");
            double b = double.Parse(Console.ReadLine());
```

```
            int x = (int) a;      % 强制转换类型
            int y = (int) b;
            Console.WriteLine("a+b={0}", a + b);
            Console.WriteLine("a-b={0}", a - b);
            Console.WriteLine("a*b={0}", a * b);
            Console.WriteLine("a/b={0}", a / b);
            Console.WriteLine("a%b={0}", a % b);
            Console.WriteLine("x+y={0}", x + y);
            Console.WriteLine("x-y={0}", x - y);
            Console.WriteLine("x*y={0}", x * y);
            Console.WriteLine("x/y={0}", x / y);
            Console.WriteLine("x%y={0}", x % y);
            Console.ReadKey();
        }
    }
}
```

图 2-1　程序运行结果

程序运行结果如图 2-1 所示。

注意：① 乘法运算时的溢出现象。② 区分"a/b"和"x/y"结果的不同！

2. 字符和字符串类型

字符类型(char)是由一个字符组成的字符常量或变量，数据范围是 0～65535 的 Unicode 字符集中的单个字符，占用 2 个字节。

字符串类型(string)表示包含数字与空格在内的若干个字符序列，允许只包含一个字符的字符串，甚至可以是不包含字符的空字符串，其占用字节根据字符多少而定。

程序示例 2　从键盘上输入一串字符串，输出相应的内容及该字符串的长度。

```
using System;
namespace Chp02_02
{
    class Program
    {
        static void Main(string[] args)
        {
            Console.WriteLine("请输入你的名字：");
            string str1 = Console.ReadLine();
            string str2 = "欢迎使用C#语言程序设计！";
```

```
            string str3 = str1 + "," + str2;
            int leng = str3.Length;
            Console.WriteLine(str3);
            Console.WriteLine("该字符串的长度为{0}", leng);
            Console.ReadKey();
        }
    }
}
```

程序运行结果如图 2-2 所示。

需要注意的是，用于输出信息到控制台的语句：Console.WriteLine()，其参数中的"{0}"实际上是插入变量内容的一个模板，字符串中的每对花括号都是一个占位符，包含列表中每个变量的内容。每个占位符用包含在花括号中的一个整数表示，整数从 0 开始，每次递增 1，占位符的总数等于列表中指定的变量数。该列表用逗号分

图 2-2 程序运行结果

开，跟在字符串后面。把文本输出到控制台时，每个占位符就会用每个变量的值来代替。

3. 布尔类型

布尔类型(bool)，表示布尔逻辑量。取值是"true"和"false"，占用一个字节。

程序示例 3 bool 类型举例。

```
using System;
namespace Chp02_03
{
    class Program
    {
        static void Main(string[] args)
        {
            bool b1 = true;
            Console.WriteLine(b1);
            bool b2 = false;
            Console.WriteLine(b2);
            Console.ReadKey();
        }
    }
}
```

图 2-3 程序运行结果

程序运行结果如图 2-3 所示。

4. 枚举类型

枚举类型(enum)是值类型的一种特殊形式,用于为基础类型的值提供替代名称。枚举元素的默认基础类型为 int,默认情况下,第一个枚举数的值为 0,后面每个枚举数的值依次递增 1。也可以指定每个枚举数的值。

程序示例 4 定义一个表示星期的枚举类型。输入 1~7 中的任一数字,输出其所对应的星期。

```
using System;
namespace Chp02_04
{
    class Program
    {
        enum Days { Monday = 1, Tuesday, Wednesday, Thursday, Friday, Saturday, Sunday };
        static void Main(string[] args)
        {
            Console.WriteLine("请输入一个数字(1~7): ");
            int d = int.Parse(Console.ReadLine());    //将 string 变量强制转换
                                                      //           为 int 型
            Console.WriteLine("{0}对应于{1}", d, (Days)d);
            Console.ReadKey();
        }
    }
}
```

程序运行结果如图 2-4 所示。

5. 数据类型转换

数据类型的转换有隐式转换和显式转换两种。

隐式转换是系统默认的,自动执行的数据类型转换,遵循"由低级(字节数和精度)类型向高级类型转换,结果为高级类型"的原则。

图 2-4 程序运行结果

显式转换,也称为强制转换,是代码中明确指示将一种数据类型转换为另一种数据类型。程序示例 4 中的 int d = int.Parse(Console.ReadLine());,是指将键盘上输入的 string 变量使用 Parse 方法强制转换为 int 型。

程序示例 5 类型转换举例。

```
using System;
namespace Chp02_05
{
    class Program
    {
        static void Main(string[] args)
        {
            double a = 1998.5;
            //int year = (int)a;
            int year = Convert.ToInt32(a);
            string str = "Mike was born in " + year.ToString();
                                    //将 int 型变量转换为 string 类型
            Console.WriteLine(str);
            Console.ReadKey();
        }
    }
}
```

程序运行结果如图 2-5 所示。

需要注意的是，由于数据类型的差异，显式转换可能会丢失部分数据。

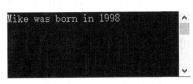

图 2-5 程序运行结果

6. 自主练习

(1) 从键盘上输入两个整数，对这两个数分别进行求积、求商和求余运算，并输出相关结果。

(2) 编写一个控制台应用程序，输入一个大写字母，要求输出它的小写字母。

(3) 编写一个控制台应用程序，输入圆的半径，计算圆的周长、面积、球的体积，并输出相关结果。

实验 3 选 择

C#语言中的基本控制结构包括顺序结构、选择结构和循环结构,每一种基本控制结构可以包含一条或者若干条语句。本实验主要介绍选择结构。

当一个表达式在程序中被用于检验真假值时,就称为一个条件。选择语句根据这个条件来判断执行哪块区域的代码。在 C#中,选择语句主要包括两种类型,分别是 if 语句和 switch 语句。

实验目的:通过对 if 语句和 switch 语句的练习,使学生理解并初步掌握 C#程序流程控制中的选择结构。

相关实验:if 语句实验、switch 语句实验以及两者之间的转换实验。

实验内容:掌握 if 语句和 switch 语句两种选择结构,以控制台应用程序为例,实现 if 语句和 switch 语句的简单应用以及两者之间的转换。

1. if 语句

if 语句是程序设计中基本的选择语句,根据条件表达式的值选择要执行的内嵌语句序列。if 语句一般用于简单选择,即选择项中有一个或者两个分支。if 语句又可分为单分支 if 语句、双分支 if 语句和多分支 if 嵌套语句。

程序示例 1 某商店的优惠活动:所购商品在 1000 元以下的,打 9 折;所购商品多于 1000 元的,打 8 折。试编程实现功能。

```
using System;
namespace Chp03_01
{
    class Program
    {
        static void Main(string[] args)
        {
            Console.Write("请输入金额: ");
            double price, money;
            price = Convert.ToDouble(Console.ReadLine());
            if (price < 0)
            {
                Console.WriteLine("输入的金额有误! ");
            }
            else if (price < 1000)
            {
                money = price * 0.9;
```

```
            Console.WriteLine("打折后的价格为{0}", money);
        }
        else
        {
            money = price * 0.8;
            Console.WriteLine("打折后的价格为{0}", money);
        }
        Console.ReadKey();
    }
}
```

程序示例 2 判断输入的年份是否是闰年。

```
using System;
namespace Chp03_02
{
    class Program
    {
        static void Main(string[] args)
        {
            Console.WriteLine("请输入年号: ");
            int iInput = Convert.ToInt32(Console.ReadLine());
            // 判断输入的年份是否是闰年
            if (iInput % 400 == 0)
                Console.WriteLine("{0}年是闰年", iInput);
            else if (iInput % 100 == 0)
                Console.WriteLine("{0}年是平年", iInput);
            else if (iInput % 4 == 0)
                Console.WriteLine("{0}年是闰年", iInput);
            else
                Console.WriteLine("{0}年是平年", iInput);

            Console.ReadKey();
        }
    }
}
```

程序示例 3 输入三角形的三条边，先判断是否可以构成三角形，如果可以，则求三角形的周长和面积，否则报错。

提示：① 3个数可以构成三角形必须满足如下条件：每条边长均大于0，且任意两边之和大于第三边;② 已知三条边 a, b, c,则三角形的面积为 $\sqrt{h\times(h-a)\times(h-b)\times(h-c)}$,其中 h 为三角形周长的一半。

```
using System;
namespace Chp03_03
{
    class Program
    {
        static void Main(string[] args)
        {
            double a, b, c, length, h, area;
            Console.Write("请输入三角形的边A: ");
            a = double.Parse(Console.ReadLine());
            Console.Write("请输入三角形的边B: ");
            b = double.Parse(Console.ReadLine());
            Console.Write("请输入三角形的边C: ");
            c = double.Parse(Console.ReadLine());
            if (a > 0 && b > 0 && c > 0 && a + b > c && a + c > b && b + c > a)
            {
                Console.Write("三角形的三条边分别是: a={0},b={1},c={2}",
                  a, b, c);
                length = a + b + c;
                h = length / 2;
                area = Math.Sqrt(h * (h - a) * (h - b) * (h - c));
                Console.Write("\n三角形的周长是:{0},面积是:{1}", length, area);
            }
            else
                Console.Write("无法构成三角形! ");

            Console.ReadKey();
        }
    }
}
```

程序示例 4 计算有固定工资收入的职工每月所交纳的工会会费。月工资收入 400 元及以下,交纳月工资总额的 0.5%;月工资收入 401~600 元,交纳月工资总额的 1%;月工资收入 601~800 元,交纳月工资总额的 1.5%;月工资收入 801~1500 元,交纳月工资总额的 2%;月工资收入 1500 元以上,交纳月工资总额的 3%。试用 if 语句编程实现该功能。

```
using System;
namespace Chp03_04
```

```
{
    class Program
    {
        static void Main(string[] args)
        {
            double f = 0;
            Console.Write("请输入有固定收入的职工的月工资：");
            int salary = int.Parse(Console.ReadLine());
            if (salary > 0 && salary <= 400)
                f = 0.5 / 100 * salary;
            else if (salary > 400 && salary <= 600)
                f = 1.0 / 100 * salary;
            else if (salary > 600 && salary <= 800)
                f = 1.5 / 100 * salary;
            else if (salary > 800 && salary <= 1500)
                f = 2.0 / 100 * salary;
            else if (salary > 1500)
                f = 3.0 / 100 * salary;
            else
                Console.WriteLine("月工资输入有误！");

            Console.WriteLine("月工资为{0}，交纳工会会费为{1}",salary, f);
            Console.ReadKey();
        }
    }
}
```

对于多层 if 嵌套结构，要特别注意 if 和 else 的配对关系，一个 else 必须与一个 if 配合。一定要使用代码缩进，这样便于日后的阅读和维护。

2. switch 语句

在判定多个条件时，如果用 if…else if…else 语句可能会很复杂和冗长，在这种情况下，用 switch 语句就会简明清晰得多。

switch 语句通过将控制传递给其体内的一个 case 语句处理多个选择和枚举。switch 语句中有很多 case 区段，每一个 case 标记后可以指定一个常数作为标准。

程序示例 5 航空公司优惠活动：在旅游旺季 7～9 月份，如果订票超过 20 张，票价优惠 15%，20 张以下优惠 5%；在旅游淡季 1～5 月份、10、11 月份，如果订票超过 20 张，票价优惠 30%，20 张以下优惠 20%；其他情况一律优惠 10%。试编程实现根据月份和订票数决定票价的优惠率。

```csharp
using System;
namespace Chp03_05
{
    class Program
    {
        static void Main(string[] args)
        {
            int month, NumofTick;
            Console.WriteLine("请输入月份：");
            month = Convert.ToInt32(Console.ReadLine());
            Console.WriteLine("请输入订票的总张数：");
            NumofTick = Convert.ToInt32(Console.ReadLine());
            switch (month)
            {
                case 1:
                case 2:
                case 3:
                case 4:
                case 5:
                case 10:
                case 11:
                    if (NumofTick > 20)
                        Console.WriteLine("优惠率为30%");
                    else
                        Console.WriteLine("优惠率为20%");
                    break;
                case 7:
                case 8:
                case 9:
                    if (NumofTick > 20)
                        Console.WriteLine("优惠率为15%");
                    else
                        Console.WriteLine("优惠率为5%");
                    break;
                default:
                    Console.WriteLine("优惠率为10%");
                    break;
            }
            Console.ReadKey();
        }
    }
}
```

程序示例 6 将程序示例 4 计算有固定工资收入的职工每月所交纳的工会会费的程序改用 switch 语句实现。

```
using System;
namespace Chp03_06
{
    class Program
    {
        static void Main(string[] args)
        {
            int c;
            double f = 0;
            Console.Write("请输入有固定收入的职工的月工资：");
            int salary = int.Parse(Console.ReadLine());

            if (salary > 1500)
                c = 15;
            else
                c = (salary - 1) / 100;

            switch (c)
             {
                case 0:
                case 1:
                case 2:
                case 3:
                    f = 0.5 / 100 * salary;
                    break;
                case 4:
                case 5:
                    f = 1.0 / 100 * salary;
                    break;
                case 6:
                case 7:
                    f = 1.5 / 100 * salary;
                    break;
                case 8:
                case 9:
                case 10:
                case 11:
                case 12:
                case 13:
```

```
                case 14:
                    f = 2.0 / 100 * salary;
                    break;
                case 15:
                    f = 3.0 / 100 * salary;
                    break;
            }
            Console.WriteLine("月工资为{0},交纳工会会费为{1}", salary, f);
            Console.ReadKey();
        }
    }
}
```

提示：为了使用 switch 语句，可以将工会会费的大范围区间数值转换为小范围区间数值(即 switch 语句中的控制表达式 c)。

例如：

```
if (salary > 1500)
    c = 15;
else
    c = (salary - 1)/100;
```

3. 自主练习

(1) 编写一个控制台应用程序，判断输入的月份有多少天。

(2) 编写一个控制台应用程序，从键盘上输入三个数，使用两种方法试比较其大小，并按降序顺序输出。

(3) 编写一个控制台应用程序，将百分制成绩转换为五分制成绩。转换标准如下：90 分及以上为"优秀"，80 分及以上为"良好"，70 分及以上为"中等"，60 分及以上为"及格"，60 分以下为"不及格"。

实验 4 循 环

循环是 C#基本控制结构中的一种重要的控制结构。循环结构是根据判断条件成立与否来决定是否执行某一段程序，是执行一次还是反复执行多次。被反复执行的这一段程序称为循环体。

C#中的循环结构主要包括 for 循环、while 循环、do…while 循环和 foreach 循环，它们全都支持用 break 来退出循环，用 continue 来跳过本次循环进入下一次循环。本实验主要介绍前三种循环结构，foreach 循环将在数组中介绍。

实验目的：通过对 for 循环、while 循环和 do…while 循环的练习，使学生理解并初步掌握 C#程序流程控制中的循环结构。

相关实验：for 循环实验、while 循环实验、do…while 循环实验以及相互转换的实验。

实验内容：掌握 for 循环、while 循环和 do…while 循环三种循环结构，以控制台应用程序为例，实现 for 循环、while 循环和 do…while 循环的简单应用以及三者之间的转换

1. for 循环语句

for 循环常常用于已知循环次数的情况，使用该循环时，测试是否满足某个条件，如果满足条件，则进入下一次循环，否则，退出该循环。

程序示例 1 使用 for 循环计算 $n!$。

```
using System;
namespace Chp04_01
{
    class Program
    {
        static void Main(string[] args)
        {
            Console.WriteLine("请输入非负整数n: ");
            int n = int.Parse(Console.ReadLine());
            int i, fac = 1;
            for (i = 1; i <= n; i++)
            {
                fac = fac * i;
            }
            Console.WriteLine("for 循环: {0}! = {1}", n, fac);
            Console.ReadKey();
        }
```

        }
}

程序示例 2 判断输入的数字是否是素数。

提示：素数，除了 1 和它本身，不能被任何整数整除的正整数。

```
using System;
namespace Chp04_02
{
    class Program
    {
        static void Main(string[] args)
        {
            Console.WriteLine("请输入一个正整数：");
            int m = int.Parse(Console.ReadLine());
            bool flag = true;   //假设整数为素数
            for (int i = 2; i < m; i++)
            {
                if (m % i == 0)
                {
                    flag = false;
                    break;
                }
            }
            if (flag)
                Console.WriteLine("{0}是素数！ ",m);
            else
                Console.WriteLine("{0}不是素数！ ", m);

            Console.ReadKey();
        }
    }
}
```

2. while、do…while 语句

while 语句和 do…while 语句是最常见的、用于执行重复程序的语句，在循环次数不固定时非常有效。

(1) while 语句。在 while 循环语句中，while 是关键字，控制 while 语句的条件表达式包含在括号内，括号后面的是当条件表达式值为真时应执行的循环体。

(2) do…while 语句。在 do…while 循环语句中，do 语句后面是一个循环体，后

面紧跟着一个 while 关键字。控制循环执行次数的条件表达式位于 while 关键字的后面。因为条件表达式在循环体执行后再判断，所以循环体至少执行一次或者若干次。

do…while 循环非常类似于 while 循环。一般情况下，两者是可以相互转换的。它们之间的差别在于 while 循环的条件是在每一次循环开始时执行，而 do…while 循环的条件在每一次循环体结束时进行判断，但 do…while 循环使用的频率较低。

程序示例 3 使用 while 循环计算 $n!$。

```
using System;
namespace Chp04_03
{
    class Program
    {
        static void Main(string[] args)
        {
            Console.WriteLine("请输入非负整数n: ");
            int n = int.Parse(Console.ReadLine());
            int i = 1, fac = 1;
            while (i <= n)
            {
                fac = fac * i;
                i++;
            }
            Console.WriteLine("while 循环: {0}! = {1}", n, fac);
            Console.ReadKey();
        }
    }
}
```

程序示例 4 使用 do…while 循环计算 $n!$。

```
using System;
namespace Chp04_04
{
    class Program
    {
        static void Main(string[] args)
        {
            Console.WriteLine("请输入非负整数n: ");
            int n = int.Parse(Console.ReadLine());
            int i = 1, fac = 1;
            do
            {
                fac = fac * i;
```

```
            i++;
        } while (i <= n);

        Console.WriteLine("do...while 循环: {0}! = {1}", n, fac);
        Console.ReadKey();
    }
}
}
```

程序示例 5 显示 Fibonacci 数列：1, 1, 2, 3, 5, 8, 13, …。当 Fibonacci 值>10000 时停止显示。

提示：Fibonacci 数列的生成规律为：

$$F_1 = 1 \qquad n=1;$$
$$F_2 = 1 \qquad n=2;$$
$$F_n = F_{n-1} + F_{n-2} \qquad n \geqslant 3$$

```
using System;
namespace Chp04_05
{
    class Program
    {
        static void Main(string[] args)
        {
            int f1 = 1, f2 = 1, f3;
            Console.Write("{0},{1}", f1, f2);
            f3 = f1 + f2;
            while (f3 <= 10000)
            {
                Console.Write(",{0}", f3);
                f1 = f2;
                f2 = f3;
                f3 = f1 + f2;
            }
            Console.ReadKey();
        }
    }
}
```

3. 循环嵌套

当一个循环(称为"外循环")的循环体内包含另一个循环(称为"内循环")，则称为循环的嵌套，这种语句结构称为多重循环结构。内循环中还可以包含循环，形成多层循环。理论上，循环嵌套的层数是无限的。3 种循环可以相互嵌套。

程序示例 6 寻找 100 以内的素数。

```
using System;
namespace Chp04_06
{
    class Program
    {
        static void Main(string[] args)
        {
            int m;
            for (m = 2; m <= 100; m++)
            {
                bool flag = true;   //假设整数为素数
                for (int i = 2; i < m; i++)
                {
                    if (m % i == 0)
                    {
                        flag = false;
                        break;
                    }
                }
                if (flag)
                    Console.Write(" " + m);
            }
            Console.ReadKey();
        }
    }
}
```

程序示例 7 利用 for 循环编程实现九九乘法表。

```
using System;
namespace Chp04_07
{
    class Program
    {
        static void Main(string[] args)
        {
            string s;
            int sum;
```

```
            Console.WriteLine("九九乘法表");
            for (int i = 1; i <= 9; i++)
            {
                s = "";
                for (int j = 1; j <= i; j++)
                {
                    sum = i * j;
                    s = s + j.ToString() + "*" + i.ToString() + "=" +
                    sum.ToString() + " ";
                }
                Console.WriteLine(s);
            }
            Console.ReadKey();
        }
    }
}
```

程序示例 8　利用 while 循环编程实现九九乘法表。

```
using System;
namespace Chp04_08
{
    class Program
    {
        static void Main(string[] args)
        {
            int a, b, sum;
            a = 1;
            b = 1;
            sum = 0;
            while (a < 10)
            {
                b = 1;
                while (b <= a)
                {
                    sum = a * b;
                    Console.Write("{0}*{1}={2} ", a, b, sum);
                    b++;
                }
                a++;
                Console.WriteLine();
            }
```

```
            Console.ReadKey();
        }
    }
}
```

4. 自主练习

(1) 分别使用 for 语句、while 语句、do…while 语句实现 1+2+3+…+100。

(2) 设有一张厚 X mm，面积足够大的纸，将它不断对折。问对折多少次后，其厚度可以达到珠穆朗玛峰的高度(8844.43m)。

(3) 选择适当的循环结构找出 100～10000 之间的水仙花数。提示：水仙花数是这样的一个三位数，它的各位数字的立方和等于这个三位数本身。

实验 5 方法(函数)

方法，也称为函数，是类的成员用于实现可以由对象或类执行的计算或操作。方法是包含一系列语句的代码块。方法在类或结构中声明，声明时需要指定访问级别、返回值、方法名称及方法参数，方法参数放在括号中，并用逗号隔开。括号中没有内容表示声明的方法没有参数。

实验目的：通过对方法(函数)的练习，使学生理解并初步掌握方法(函数)的定义和调用。

相关实验：方法(函数)的声明和调用。

实验内容：以控制台应用程序为例，实现简单方法(函数)的声明和调用。

1. 方法

方法的访问修饰符通常是 public，以保证在类定义外部能够调用该方法。

方法的返回类型用于指定由该方法计算和返回的值的类型，可以是任何值类型或引用类型数据，如 int、string 以及自定义的 MyCircle 类。如果方法有返回值，则方法中必须包含一个 return 语句，以指定返回值，其类型必须和方法的返回类型相同。如果方法不返回一个值，则它的返回类型为 void。

参数列表在一对圆括号中，指定调用该方法时需要使用的参数个数、各个参数的类型，参数之间以逗号分隔。

实现特定功能的语句块放在一对大括号中，称为方法体，"{"表示方法体的开始，"}"表示方法体的结束。

程序示例 1 编写一个控制台应用程序，输入圆的半径，利用方法(函数)调用的方式求圆的周长和面积。

```
using System;
namespace Chp05_01
{
    class Program
    {
        const double Pi = 3.14159;

        public double Perimeter(double r)
        {
            return 2 * Pi * r;
        }

        public double Area(double r)
        {
```

```
            return Pi * r * r;
        }

        static void Main(string[] args)
        {
            Console.WriteLine("请输入圆的半径：");
            double r = double.Parse(Console.ReadLine());
            Program p = new Program();//实例化
            Console.WriteLine("圆的周长是{0},面积是{1}", p.Perimeter(r), p.Area(r));
            Console.ReadKey();
        }
    }
}
```

程序示例 2 使用方法调用的方式实现寻找 100 以内的素数。

```
using System;
namespace Chp05_02
{
    class Program
    {
        //判断是否为素数
        public Boolean IsPrime(int x)
        {
            bool flag = true;
            for (int i = 2; i < x; i++)
            {
                if (x % i == 0)
                {
                    flag = false;
                    break;
                }
            }
            return flag;
        }
        static void Main(string[] args)
        {
            Program p = new Program();
            int m;
            for (m = 2; m <= 100; m++)
```

```
            {
                if (p.IsPrime(m) == true)
                    Console.Write(" " + m);
            }
            Console.ReadKey();
        }
    }
}
```

程序示例 3 从键盘上输入两个数，使用方法调用的方式求这两个数的均值和方差。

```
using System;
namespace Chp05_03
{
    class MeanAndStd                                    //定义类
    {
        public double mean(double x, double y)          //求均值
        {
            return (x + y) / 2;
        }

        public double std(double x, double y)           //求方差
        {
            double avg = mean(x, y);                    //调用求均值的方法
            double st;
            st = ((x - avg) * (x - avg) + (y - avg) * (y - avg)) / 2;
            return st;
        }
    }

    class Program
    {
        static void Main(string[] args)
        {
            Console.WriteLine("请输入两个数：");
            double a = double.Parse(Console.ReadLine());
            double b = double.Parse(Console.ReadLine());
            MeanAndStd m = new MeanAndStd();
            double avg = m.mean(a, b);
            double st = m.std(a, b);
            Console.WriteLine("{0}和{1}的均值为{2},方差为{3}", a, b, avg, st);
```

```
            Console.ReadKey();
        }
    }
}
```

2. 静态方法

方法分为静态方法和非静态方法。若一个方法声明中有 static 修饰符，则该方法是静态方法；如果没有 static 修饰符，则该方法为非静态方法。

需要注意的是，静态方法不对特定实例进行操作。和非静态方法不同的是，圆点连接符的前面不是某个具体类的对象(类的实例化)，而是类的名称，如程序示例5。

程序示例 4 从键盘上输入三个数，使用方法调用的方式求这三个数中的最大数。

```
using System;
namespace Chp05_04
{
    class Program
    {
        static int maxValue(int x, int y, int z)
        {
            int t;    //临时变量
            if (x > y)
            {
                t = x;
                x = y;
                y = t;
            }
            if (x > z)
            {
                t = x;
                x = z;
                z = t;
            }
            if (y > z)
            {
                t = y;
                y = z;
                z = t;
            }
            return z;
        }
```

```
        static void Main(string[] args)
        {
            Console.WriteLine("请输入整数1：");
            int a = Convert.ToInt32(Console.ReadLine());
            Console.WriteLine("请输入整数2：");
            int b = Convert.ToInt32(Console.ReadLine());
            Console.WriteLine("请输入整数3：");
            int c = Convert.ToInt32(Console.ReadLine());
            Console.WriteLine("原始值：a = {0}, b = {1}, c = {2}", a, b, c);
            int iMax = maxValue(a, b, c);
            Console.WriteLine("三个数中最大值为{0}", iMax);
            Console.ReadKey();
        }
    }
}
```

程序示例 5 创建表示摄氏温度的类，包含摄氏温度 d 转换为华氏温度 f 的静态方法。

提示：$f = (d * 9 / 5) + 32$。

```
using System;
namespace Chp05_05
{
    class Temperature
    {
        public static double ToFahrenheit(double degree)
        {
            double f = (degree * 9 / 5) + 32;
            return f;
        }
    }

    class Program
    {
        static void Main(string[] args)
        {
            Console.Write("请输入摄氏温度：");
            double d = Double.Parse(Console.ReadLine());
            Console.WriteLine("摄氏温度 = {0}，华氏温度 = {1}", d,
                Temperature.ToFahrenheit(d));
```

```
            Console.ReadKey();
        }
    }
}
```

3. 自主练习

(1) 利用方法(函数)调用的方法,判断是否为闰年。

(2) 利用方法(函数)调用的方式,计算三角形的周长、面积。

实验 6 流程与异常处理

流程是指通过控制语句引导程序的运行，是先把待解决的问题抽象成为事务流程，再选择合适的控制结构，即控制结构中选择和循环的灵活运用。

没有程序能保证在任何情况下都能正常运行，异常处理则是提高程序可靠性的重要手段。异常处理的思想是：假设程序会一直按照预期的方式运行，如果某个时候程序的运行发生了偏差，假设就不成立，那么就认为发生了异常。发生的异常必须被捕获，然后对其进行处理。

实验目的：通过选择和循环语句的相互嵌套实验，使学生理解并初步掌握 C#程序中的流程，灵活运用选择和循环结构；通过 try-catch、try-catch-finally、try-finally 实验，使学生理解并初步掌握 C#程序中的异常处理。

相关实验：if 语句嵌套 for 循环实验、for 循环嵌套 if 语句实验、try-catch 异常处理实验、try-catch-finally 异常处理实验和 throw 异常处理实验。

实验内容：掌握选择和循环语句的嵌套使用，了解程序中的异常处理机制；以控制台应用程序为例，实现选择和循环语句的相互嵌套，以及程序异常处理。

1. 流程

流程是指通过控制语句引导程序的运行，即控制结构中选择和循环的灵活运用。下面通过游戏闯关的例子程序示例 1 和例程序示例 2 来说明如何把待解决的问题抽象成为流程，并选择合适的控制结构实现。

程序示例 1 一个游戏，前 20 关是每一关自身的分数；21～30 关每一关是 10 分；31～40 关，每一关是 20 分；41～49 关，每一关是 30 分；50 关，100 分。输入游戏者现在闯到的关卡数，求游戏者现在拥有的分数。要求：if 语句嵌套 for 循环。

解析：首先将关卡数和每关的分数进行对应，如表 6-1 所示。通过输入的关卡数求对应的分数，每个分数档对应的是选择结构，而统计最终的分数显然是对应的每个分数档的累加过程，每个分数档中分数的统计需要循环结构。因此，该程序同时需要选择语句和循环结构，是先选择再循环(程序示例 1)还是先循环再选择(程序示例 2)分别对应两种实现方式。

表 6-1 关卡数和每关的分数对应表

关卡数	每关的分数
0～20	1
21～30	10
31～40	20
41～49	30
50	100

```csharp
using System;
namespace Chp06_01
{
    class Program
    {
        static void Main(string[] args)
        {
            Console.Write("请输入您现在闯到的关卡数：");
            int a = int.Parse(Console.ReadLine());
            int sum = 0;
            if (a >= 1 && a <= 50)
            {
                if (a <= 20)
                {
                    for (int i = 1; i <= a; i++)
                        sum += i;
                }
                else if (a <= 30)                   //a>20 && a<=30
                {
                    for (int i = 1; i <= 20; i++)
                        sum += i;
                    for (int i = 21; i <= a; i++)
                        sum += 10;
                }
                else if (a <= 40)                   //a>30 && a<=40
                {
                    for (int i = 1; i <= 20; i++)
                        sum += i;
                    for (int i = 21; i <= 30; i++)
                        sum += 10;
                    for (int i = 31; i <= a; i++)
                        sum += 20;
                }
                else if (a <= 49)                   //a>40 && a<=49
                {
                    for (int i = 1; i <= 20; i++)
                        sum += i;
                    for (int i = 21; i <= 30; i++)
                        sum += 10;
                    for (int i = 31; i <= 40; i++)
```

```
                sum += 20;
            for (int i = 41; i <= a; i++)
                sum += 30;
        }
        else                              //a==50
        {
            for (int i = 1; i <= 20; i++)
                sum += i;
            for (int i = 21; i <= 30; i++)
                sum += 10;
            for (int i = 31; i <= 40; i++)
                sum += 20;
            for (int i = 41; i <= 49; i++)
                sum += 30;
            sum += 100;
        }
    }
    else
        Console.WriteLine("输入有误! ");
    Console.WriteLine("您的分数为: " + sum);
    Console.ReadKey();
        }
    }
}
```

程序示例 2 一个游戏，前 20 关是每一关自身的分数；21～30 关每一关是 10 分；31～40 关，每一关是 20 分；41～49 关，每一关是 30 分；50 关，100 分。输入游戏者现在闯到的关卡数，求游戏者现在拥有的分数。要求：for 循环嵌套 if 语句。

```
using System;
namespace Chp06_02
{
    class Program
    {
        static void Main(string[] args)
        {
            Console.Write("请输入您现在闯到的关卡数: ");
            int a = int.Parse(Console.ReadLine());
            int sum = 0;
            if (a >= 1 && a <= 50)
```

```csharp
            {
                for (int i = 1; i <= a; i++)
                {
                    if (i <= 20)
                        sum += i;
                    else if (i <= 30)
                        sum += 10;
                    else if (i <= 40)
                        sum += 20;
                    else if (i <= 49)
                        sum += 30;
                    else
                        sum += 100;
                }
            }
            else
                Console.WriteLine("输入有误! ");
            Console.WriteLine("您的分数是: " + sum);
            Console.ReadKey();
        }
    }
}
```

2. 异常处理

C#语言提供了三种形式的异常处理结构：try-catch、try-catch-finally、try-finally。

try-catch 异常处理结构，正常情况下 try 代码段中的语句依次执行，而 catch 代码段不会被执行；一旦出现异常，程序控制权就从 try 语句转到 catch 语句，并在 catch 代码段中处理异常。catch 语句只能捕获之前与之配套的 try 代码段中发生的异常。如果异常发生在 try 代码段中的某条语句中，那么该语句之后的代码将会被忽略，程序跳转到 catch 语句，并在执行完 catch 代码后，转入 try-catch 之后的代码。

catch 语句另一个强大的功能是捕获指定的异常，可以在 catch 语句后加上一对括号，在括号内指定希望捕获的异常。这时，只有指定异常发生时，catch 语句才能获得程序的控制权。如果发生其他异常，该 catch 语句不作处理。

一个 try 语句后面跟着多个 catch 语句，每个 catch 语句处理不同的异常。如果发生了某个异常，程序的控制权就转移到相应的 catch 语句；如果列出的所有的 catch 语句都不能处理发生的异常，当前代码将意外中止。

程序示例 3 使用 try-catch 语句进行异常处理。

```csharp
using System;
namespace Chp06_03
{
    class Program
    {
        static void Main(string[] args)
        {
            try
            {
                Console.Write("请输入整数 x: ");
                int x = int.Parse(Console.ReadLine());
                Console.Write("请输入整数 y: ");
                int y = int.Parse(Console.ReadLine());
                int result;
                result = 30 / (x - 2) / (y - x) / (5 - y);
                Console.WriteLine("30/(x-2)/(y-x)/(5-y) = {0}", result);
                Console.ReadKey();
            }
            catch (FormatException)
            {
                Console.WriteLine("您输入的格式不正确！");
                Console.ReadKey();
            }
            catch (DivideByZeroException)
            {
                Console.WriteLine("分母不能为零！");
                Console.ReadKey();
            }
            catch (Exception)
            {
                Console.WriteLine("程序运行过程中发生异常！");
                Console.ReadKey();
            }
        }
    }
}
```

需要说明的是，上述程序中第一个 catch 语句捕获的异常 FormatException 指的是传递给方法的参数格式不正确而导致的异常；第二个 catch 语句捕获的异常

DivideByZeroException 指进行整数或十进制数除法时分母为 0 而导致的异常；最后一个 catch 语句中的 Exception 是其他所有异常类的基类，因此适用于任何情况导致的异常。

try-catch-finally 语句是在 try-catch 语句后加上 finally 代码段所构成的，其中同样可以使用多个 catch 语句，但 finally 语句一定要在所有 catch 语句的后面，而且只能出现一次。在发生异常的情况下，try-catch-finally 语句对异常的处理方式和 try-catch 语句完全相同，也是通过不同的 catch 语句来捕获不同的异常。但不论程序在执行过程中是否发生异常，finally 语句中的代码段总是被执行。

程序示例 4 使用 try-catch-finally 语句进行异常处理。

```csharp
using System;
namespace Chp06_04
{
    class Program
    {
        static void Main(string[] args)
        {
            Console.WriteLine("请依次输入 5 个整数：");
            int result = 0, count = 0;
            for (int i = 0; i < 5; i++)
            {
                try
                {
                    result += int.Parse(Console.ReadLine());
                }
                catch (FormatException)
                {
                    Console.WriteLine("输入不正确，请重新输入：");
                    i--;
                    continue;
                }
                finally
                {
                    count++;
                }
            }
            Console.WriteLine("您的输入次数共为{0}次，错误次数为{1}次",
                count, count - 5);
            Console.WriteLine("求和结果为：" + result);
            Console.ReadKey();
```

```
        }
    }
}
```

  try-finally 语句是在 try 代码段之后紧跟 finally 代码段。因为没有 catch 语句，也就不会对异常进行处理。所以，如果没有发生异常，try-finally 语句将按正常方式执行；如果在 try 代码段的执行过程中引发了异常，该异常将在执行完 finally 代码段之后被抛出。

  尽管也将 try-finally 语句视为异常处理结构的一种，但它实际上并不能处理异常。如果发生异常，它只是能够利用 finally 代码段进行一些收尾工作，而不能保证程序在异常发生之后继续正常运行。

  前面介绍的三种语句是用于防止异常出现时程序中止，而 throw 语句恰恰相反，它主动引发一个异常，如果该异常不被捕获将导致程序中止。当程序执行到 throw 语句时就引发相应的异常，之后的语句不会被执行。throw 语句的主要用途是对发生的异常进行描述。

  程序示例 5 使用 throw 语句进行异常处理。

```
using System;
namespace Chp06_05
{
    class ConsoleRW
    {
        public string Read(string sPrompt)
        {
            Console.WriteLine("请输入{0}: ", sPrompt);
            return Console.ReadLine();
        }

        public void Validata(string sPwd, int iCount)
        {
            int i = 0;
            while (Read("密码") != sPwd)
            {
                if (++i > iCount)
                    throw (new Exception("密码输入错误次数超过限制！"));
                Console.WriteLine("密码错误！");
            }
            Console.WriteLine("通过验证...");
        }
```

实验 6　流程与异常处理

```
    }
    class Program
    {
        static void Main(string[] args)
        {
            ConsoleRW c = new ConsoleRW();
            c.Validata("2018", 3);
            Console.ReadKey();
        }
    }
}
```

运行上述程序时，如果在指定次数内输入了正确的密码，程序会给出"通过验证…"，如图 6-1 所示。如果输入错误超过指定的次数 3 次，那么最后一次输错后程序将中止运行，图 6-2 所示为程序抛出 throw 语句定义的异常。

图 6-1　程序运行结果

图 6-2　throw 语句的异常处理

3. 自主练习

(1) 编写一个控制台应用程序，从键盘中输入整数 n，输出如图 6-3 所示的图形。

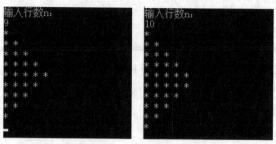

图 6-3　程序运行结果

(2) 编写一个控制台应用程序，寻找 1~10000 之间的素数，在 VS 中调试程序，设置在查找到 5000 时进入中断模式。

实验 7 数组的使用

数组是具有相同类型的数据按一定顺序组成的序列,数组中的每一个数据都可以通过数组名及索引号(下标)存取。数组包含多个数据对象,这些对象称为数组元素。数组元素的类型可以是任何一种值类型,也可以是类,还可以把数组本身作为另一个数组的数组元素。

实验目的: 通过对数组元素的遍历实验、数组排序和二维数组的练习,使学生理解并初步掌握 C#程序中数组的使用。

相关实验: 数组元素的遍历实验、冒泡排序、选择排序实验以及二维数组遍历和杨辉三角实验。

实验内容: 以控制台应用程序为例,实现数组的遍历、排序等功能,以及数组的简单应用。

1. 数组元素的遍历

在 C#中,把一组具有同一名字、不同下标的下标变量称为数组。一个数组可以含有若干个下标变量(或称为数组元素),下标也叫作索引,用来指出某个数组元素在数组中的位置。数组中第一个元素的下标默认为 0,第二个元素的下标为 1,以此类推。所以数组元素的最大下标比数组元素的个数少 1,即如果一个数组共有 n 个元素,其最大下标为 $n-1$。数组的下标必须是非负的整数类型。

程序示例 1 使用 foreach 语句输出数组所有元素的值。

```
using System;
namespace Chp07_01
{
    class Program
    {
        static void Main(string[] args)
        {
            int[] days = new int[] {1, 3, 5, 7, 9, 11, 13};
            foreach (int i in days)
                Console.WriteLine(i);
            Console.ReadKey();
        }
    }
}
```

程序示例 2　通过键盘输入给数组赋值，并输出该数组。

```csharp
using System;
namespace Chp07_02
{
    class Program
    {
        static void Main(string[] args)
        {
            Console.WriteLine("请输入数组长度：");
            int n = int.Parse(Console.ReadLine());
            Console.WriteLine("数组元素的个数为" + n.ToString());
            int[] str = new int[n];
            for (int i = 0; i < n; i++)
            {
                Console.WriteLine("输入数组第{0}个值：", i);
                str[i] = int.Parse(Console.ReadLine());
            }
            Console.WriteLine("输入完成，并输出该数组：");

            foreach (int j in str)
                Console.Write(" " + j);
            Console.ReadKey();
        }
    }
}
```

程序示例 3　求若干学生的平均身高、最高身高、最低身高及高于平均身高的人数。

```csharp
using System;
namespace Chp07_03
{
    class Program
    {
        static void Main(string[] args)
        {
            //声明并初始化由 9 个数组成的数组
            double[] height = new double[9] {156.5, 149.3, 167.5, 178, 181, 176, 173.3, 154, 155};
            double max = 0, min = 500, overAvg = 0;
            double avg, sumHeight = 0;
```

```csharp
//显示数组内容
for (int i = 0; i < 9; i++)
    Console.Write(" " + "{0}", height[i]);

//求平均身高、最高身高和最低身高
for (int i = 0; i < 9; i++)
{
    sumHeight = sumHeight + height[i];
    if (height[i] > max)
        max = height[i];
    if (height[i] < min)
        min = height[i];
}
avg = sumHeight / 9;

//统计高于平均身高的学生人数
for (int i = 0; i < 9; i++)
{
    if (height[i] > avg)
        overAvg++;
}
Console.WriteLine("\n平均身高{0}, 最高身高{1}, 最低身高{2}", avg, max, min);
Console.WriteLine("高于平均身高的学生人数{0}", overAvg);
Console.ReadKey();
        }
    }
}
```

2. 数组排序

对数组进行排序是按照一定的排序规则，如递增或递减规则，重新排列数组中的所有元素。数组的排序方法主要分为冒泡排序和选择排序。此外，还可以使用C#中 Array 类的 Sort 方法进行数组排序。

1) 冒泡排序

原理：比较两个相邻的元素，将值大的元素交换至右端。

思路：依次比较相邻的两个数，将小数放在前面，大数放在后面。即在第一步：首先比较第1个和第2个数，将小数放前，大数放后。然后比较第2个数和第3个数，将小数放前，大数放后，如此继续，直至比较最后两个数，将小数放前，大数放后。重复第一步步骤，直至全部排序完成。

第一步比较完成后，最后一个数一定是数组中最大的一个数，所以第二步比较的时候最后一个数不参与比较；

第二步比较完成后，倒数第二个数也一定是数组中第二大的数，所以第三步比较的时候最后两个数不参与比较；

以此类推，每一趟比较次数-1；

举例说明：要排序数组：int[] arr={6,3,8,2,9,1};

第一步排序：
  第一次排序：6 和 3 比较，6 大于 3，交换位置： 3 6 8 2 9 1
  第二次排序：6 和 8 比较，6 小于 8，不交换位置：3 6 8 2 9 1
  第三次排序：8 和 2 比较，8 大于 2，交换位置： 3 6 2 8 9 1
  第四次排序：8 和 9 比较，8 小于 9，不交换位置：3 6 2 8 9 1
  第五次排序：9 和 1 比较：9 大于 1，交换位置： 3 6 2 8 1 9
  第一步总共进行了 5 次比较，排序结果：3 6 2 8 1 9

第二步排序：
  第一次排序：3 和 6 比较，3 小于 6，不交换位置：3 6 2 8 1 9
  第二次排序：6 和 2 比较，6 大于 2，交换位置： 3 2 6 8 1 9
  第三次排序：6 和 8 比较，6 小于 8，不交换位置：3 2 6 8 1 9
  第四次排序：8 和 1 比较，8 大于 1，交换位置： 3 2 6 1 8 9
  第二步总共进行了 4 次比较，排序结果：3 2 6 1 8 9

第三步排序：
  第一次排序：3 和 2 比较，3 大于 2，交换位置： 2 3 6 1 8 9
  第二次排序：3 和 6 比较，3 小于 6，不交换位置：2 3 6 1 8 9
  第三次排序：6 和 1 比较，6 大于 1，交换位置： 2 3 1 6 8 9
  第三步总共进行了 3 次比较，排序结果：2 3 1 6 8 9

第四步排序：
  第一次排序：2 和 3 比较，2 小于 3，不交换位置：2 3 1 6 8 9
  第二次排序：3 和 1 比较，3 大于 1，交换位置： 2 1 3 6 8 9
  第四步总共进行了 2 次比较，排序结果：2 1 3 6 8 9

第五步排序：
  第一次排序：2 和 1 比较，2 大于 1，交换位置： 1 2 3 6 8 9
  第五步总共进行了 1 次比较，排序结果：1 2 3 6 8 9

最终结果：1 2 3 6 8 9

由此可见：N 个数字要排序完成，总共进行 $N-1$ 步排序，每 i 步的排序次数为 $N-i$ 次，所以可以用双重循环语句，外层控制循环多少步，内层控制每一步的循环次数。

程序示例 4　冒泡排序。

```
using System;
namespace Chp07_04
{
    class Program
    {
        static void Main(string[] args)
        {
            int[] height = new int[10] { 156, 150, 167, 178, 180, 176,
            173, 154, 155, 158 };
            int leng = height.Length;
            int j, i, t;
            for (j = 1; j <= leng - 1; j++)        //控制第几步交换
            {
                for (i = 0; i <= leng - 1 - j; i++)    //控制第几步的
                                                       //  第几次交换
                {
                    if (height[i] < height[i + 1])
                    {
                        t = height[i];
                        height[i] = height[i + 1];
                        height[i + 1] = t;
                    }
                }
            }
            Console.WriteLine("降序数组: ");

            //循环输出排序后的数组
            foreach (int k in height)
                Console.Write(" " + k.ToString());
            Console.ReadKey();
        }
    }
}
```

2) 选择排序

原理：每一步从待排序的记录中选出最小的元素，顺序放在已排好序的序列最后，直到全部记录排序完毕。也就是：每一步在 $n-i+1$(i=1, 2, …, $n-1$)个记录中选取最小的记录作为有序序列中的第 i 个记录。

思路：给定数组 arr；第一步排序，在待排序数据 arr[1]～arr[n]中选出最小的数据，将它与 arr[1]交换；第二步排序，在待排序数据 arr[2]～arr[n]中选出最小的数据，将它与 arr[2]交换；以此类推，第 i 步在待排序数据 arr[i]～arr[n]中选出最小的数据，将它与 arr[i]交换，直到全部排序完成。

举例说明：数组 int[] arr={5, 2, 8, 4, 9, 1};

第一步排序：最小数据 1，把 1 放在首位，也就是 1 和 5 互换位置。

排序结果：1 2 8 4 9 5

第二步排序：第 1 个数字以外的数据{2 8 4 9 5}进行比较，2 最小，不用交换。

排序结果：1 2 8 4 9 5

第三步排序：除 1、2 以外的数据{8 4 9 5}进行比较，4 最小，8 和 4 交换。

排序结果：1 2 4 8 9 5

第四步排序：除第 1、2、4 以外的其他数据{8 9 5}进行比较，5 最小，8 和 5 交换。

排序结果：1 2 4 5 9 8

第五步排序：除第 1、2、4、5 以外的其他数据{9 8}进行比较，8 最小，8 和 9 交换。

排序结果：1 2 4 5 8 9

程序示例 5　选择排序。

```
using System;
namespace Chp07_05
{
    class Program
    {
        static void Main(string[] args)
        {
            int[] height = new int[10] { 156, 150, 167, 178, 180, 176,
            173, 154, 155, 158 };
            int leng = height.Length;
            int i, j;
            for (i = 0; i < leng - 1; i++)          //进行n-1轮比较
            {
                int imin = i;                        //对第i轮比较时，初始假定
                                                     //第i个元素最小
                for (j = i + 1; j < leng; j++)
                    if (height[j] < height[imin])
                        imin = j;
```

```
                int t = height[i];
                height[i] = height[imin];
                height[imin] = t;
            }
            Console.WriteLine("升序数组：");
            //循环输出排序后的数组
            foreach (int k in height)
                Console.Write(" " + k.ToString());
            Console.ReadKey();
        }
    }
}
```

3. 二维数组及多维数组

二维数组，本质上是以数组作为数组元素的数组，即"数组的数组"。二维数组又称为矩阵。三维及三维以上的数组称为多维数组，多维数组的数组元素本身也是数组。本节主要介绍二维数组的使用。

程序示例 6 二维数组的遍历。

```
using System;
namespace Chp07_06
{
    class Program
    {
        static void Main(string[] args)
        {
            int[,] array2D = new int[2, 3] { { 1, 2, 3 }, { 2, 3, 4 } };
            for(int i = 0; i < 2; i++)
            {
                for (int j = 0; j < 3; j++)
                {
                    Console.Write(" " + array2D[i, j]);
                }
                Console.WriteLine();
            }
            Console.ReadKey();
        }
    }
}
```

程序示例 7 生成并输出杨辉三角。

```csharp
using System;
namespace Chp07_07
{
    class Program
    {
        static void Main(string[] args)
        {
            Console.Write("请输入数组的长度：");
            int num = Convert.ToInt32(Console.ReadLine());
            int[,] arr = new int[num, num];          //定义二维数组
            for (int i = 0; i < num; i++)
            {
                for (int j = 0; j <= i; j++)
                {
                    if (j == 0 || j == i)
                    {
                        arr[i, j] = 1;
                    }
                    else
                    {
                        arr[i, j] = arr[i - 1, j] + arr[i - 1, j - 1];
                    }
                    Console.Write(arr[i, j].ToString() + "    ");
                }
                Console.WriteLine();
            }
            Console.ReadKey();
        }
    }
}
```

4. 自主练习

(1) 从键盘上输入 10 个整数，将这些数存储在一维数组中，并将其按降序顺序输出。

(2) 从键盘上输入一组数据，分别利用冒泡排序法和选择排序法进行升序排序。

实验 8　字符串的处理

字符串类型(string)表示包含数字与空格在内的若干个字符序列。在实验 1 中的第 2 小节数据类型中我们简单介绍了有关字符串的声明及简单使用，本实验我们重点介绍字符串的处理。字符串中任意一段连续的字符称为该字符串的"子串"。String 类提供了多种方法用于子串的操作：如字符查找，字符填充和修剪，字符截取、插入和删除，字符替换和连接等操作。

实验目的：通过对字符查找，字符填充和修剪，字符截取、插入和删除，字符替换和连接等操作的练习，使学生理解并初步掌握 C#中字符串的处理。

相关实验：字符查找实验，字符填充和修剪，字符截取、插入和删除，字符替换实验及字符连接实验。

实验内容：以控制台应用程序为例，实现字符的查找、填充、修剪、截取、插入、删除、替换和连接等功能。

1. 字符查找

String 类提供了多个在字符串中查找字符的方法，其中 IndexOf()方法返回指定字符首次出现的位置，其重载形式有三种。

(1) int IndexOf(char)：在整个字符串中查找指定的子串。
(2) int IndexOf(char, int)：从指定位置开始查找指定的子串。
(3) int IndexOf(char, int, int)：从指定位置开始，在指定范围内查找指定的子串。

只要找到指定的字符，该方法就返回字符在字符串中的索引位置；未找到则返回–1。另一个方法 LastIndexOf()与 IndexOf()类似，只不过它返回字符最后一次出现的位置。

因为单个字符也可以被转换为一个字符串，所以子串操作是对字符操作的扩展。

此外，StartsWith()和 EndsWith()方法分别用于判断字符串是否以指定的子串开始和结束，而 contains()方法则判断字符串中是否包含指定子串。

程序示例 1　字符查找示例。

```
using System;
namespace Chp08_01
{
    class Program
    {
        static void Main(string[] args)
        {
            string s = "Microsoft";
            int pos1, pos2, pos3;
```

```
                pos1 = s.IndexOf("Mic");
                Console.WriteLine("Mic 的索引位置是{0}", pos1);
                pos2 = s.IndexOf("Mic", 2);
                Console.WriteLine("Mic 的索引位置是{0}", pos2);
                pos3 = s.LastIndexOf("soft");
                Console.WriteLine("soft 的索引位置是{0}", pos3);
                bool b1, b2, b3;
                b1 = s.StartsWith("soft");
                b2 = s.EndsWith("soft");
                b3 = s.Contains("soft");
                Console.WriteLine(b1 + " " + b2 + " " + b3);
                Console.ReadKey();
            }
        }
}
```

图 8-1　程序运行结果

程序运行结果如图 8-1 所示。

2. 字符填充和修剪

String 类的方法 PadLeft()和 PadRight()分别用于向字符串的左侧和右侧填充字符。以 PadLeft()为例，其两种重载形式如下。

(1) string PadLeft(int)：向字符串的左侧填充空格，直到达到参数指定的长度。

(2) string PadLeft(int, char)：向字符串的左侧填充第二个参数指定的字符，直到达到第一个参数指定的长度。

和字符填充相反，字符修剪是从字符串的开始或者结尾部分删除空格或指定的字符。String 类中有三种方法用于字符修剪，其中 Trim()方法有两种重载形式。

(1) string Trim()：将字符串两端的空格全部删除。

(2) string Trim(char[])：将字符串两端出现在指定字符数组中的字符全部删除。

Trim()方法同时对两端进行修剪，而 TrimStart()和 TrimEnd()方法则分别用于前端和末端的修剪。

程序示例 2　字符填充和修剪的示例。

```
using System;
namespace Chp08_02
{
    class Program
    {
        static void Main(string[] args)
        {
```

```
            string s = "列~车~时刻表";
            s = s.PadLeft(10, ' ');
            Console.WriteLine(s);
            s = s.PadRight(13, '*');
            Console.WriteLine(s);
            s = s.Trim();
            Console.WriteLine(s);
            char[] chs = { '列', '车' };
            while (s.IndexOfAny(chs) >= 0)
            {
                s = s.TrimStart(chs);
                s = s.TrimStart('~');
            }
            Console.WriteLine(s);
            Console.ReadKey();
        }
    }
}
```

程序运行结果如图 8-2 所示。

3. 字符截取、插入和删除

String 类的 Substring() 方法用于从字符串中截取一个子串，有两种重载形式。

图 8-2 程序运行结果

(1) string Substring(int)：获得字符串从指定位置开始直至结束的子串。

(2) string Substring(int, int)：获得字符串从指定位置开始的指定长度的子串。

String 类的 Remove() 方法用于从字符串中删除指定子串，它的重载形式和 Substring() 方法类似。而 Insert() 方法则正好相反，在字符串的指定位置插入一个子串。

程序示例 3 字符截取、插入和删除示例。

```
using System;
namespace Chp08_03
{
    class Program
    {
        static void Main(string[] args)
        {
            string s = "中国中信银行";
```

```
            string s1 = s.Substring(2);
            Console.WriteLine(s1);
            string s2 = s.Substring(2, 2);
            Console.WriteLine(s2);
            string s3 = s.Remove(4);
            Console.WriteLine(s3);
            string s4 = s.Remove(2, 2);
            Console.WriteLine(s4);
            string s5 = s1.Insert(4, "北京分行");
            Console.WriteLine(s5);
            Console.ReadKey();
        }
    }
}
```

图 8-3 程序运行结果

程序运行结果如图 8-3 所示。

4. 字符替换和连接

String 类中另一个非常有用的方法是 Replace(),有两种重载形式。

(1) string Replace(char, char):将字符串中出现的所有指定字符都替换为一个新字符。

(2) string Replace(string, string):将字符串中出现的所有指定子串都替换为一个新子串,其中被替换的子串不能是空字符串。

前一种重载形式用于字符替换,因此永远不会改变字符串的长度。后一种用于子串替换,所能实现的功能很丰富:参与替换的子串长度不必相等;如果新子串是一个空串,该方法将删除指定的子串;而如果将字符视为长度为 1 的字符串,它也就涵盖了该方法的前一种重载形式。

程序示例 4 字符替换示例。

```
using System;
namespace Chp08_04
{
    class Program
    {
        static string[] ErrorWords = new string[]{
            "哀声叹气","大才小用","甘败下风","留芳百世",
            "迫不急待","谈笑风声","一愁莫展","再接再励"
        };
```

```
    static string[] RightWords = new string[]{
    "唉声叹气","大材小用","甘拜下风","流芳百世",
    "迫不及待","谈笑风生","一筹莫展","再接再厉"
    };
    static void Main(string[] args)
    {
        Console.WriteLine("原句子: ");
        string s = "真是大才小用啊! 这不禁令人一愁莫展, 连连哀声叹气。";
        Console.WriteLine(s);
        for (int i = 0; i < ErrorWords.Length; i++)
        {
            s = s.Replace(ErrorWords[i], RightWords[i]);
        }
        Console.WriteLine("纠正后: ");
        Console.WriteLine(s);
        Console.ReadKey();
    }
    }
}
```

程序运行结果如图 8-4 所示。

String 类也重载了加法操作符 "+", 用于两个字符串的连接, 而 String 类的静态方法 Concat() 方法则可以实现更为强大的字符串连接功能。它提供了多种重载形式, 其参数类型除了 string 还可以是 object, 因此能够将不同类型的多个值连接到字符串上。

图 8-4 程序运行结果

程序示例 5 字符连接示例。

```
using System;
namespace Chp08_05
{
    class Program
    {
        static void Main(string[] args)
        {
            string s = string.Concat("公元", DateTime.Now.Year, "年");
            s = string.Concat(s, 12, '月', 31, '日');
            s = string.Concat(s, ' ', 23, ':', 59, ':', "00");
            Console.WriteLine(s);
            Console.ReadKey();
```

```
        }
    }
}
```

图 8-5　程序运行结果

程序运行结果如图 8-5 所示。

5. 自主练习

(1) 编写一个控制台应用程序，从键盘上输入一个带有多个空格的字符串，删除该字符串中的所有空格。

(2) 编写一个控制台应用程序，使用两种方法实现多个字符串的连接。

实验 9 类的定义和使用

类是面向对象技术中最重要的一种数据结构,是指具有相同属性和操作的一组对象的抽象集合,它支持信息的隐藏和封装,进而支持对抽象数据类型的实现。

类是对象的抽象描述和概括,如车是一个类,自行车、汽车、火车也是类。但是自行车、汽车、火车都属于车这个类的子类,因而它们有共同的特点,都是交通工具,都有轮子,都是运输工具。而汽车有颜色、车门、发动机,这是和自行车、火车不同的地方,是汽车类自己的属性。而具体到某个汽车就是一个对象了,如车牌是冀 A12345 的黑色奔驰。用具体的属性可以在汽车类中唯一地确定一辆车。总之,类是 C#中功能最为强大的数据类型,定义了数据类型的数据和行为。

实验目的:通过对类的组成、类的继承和派生、类的多态性、抽象类和抽象方法等练习,使学生理解并初步掌握 C#程序类的使用。

相关实验:类的组成实验、类的继承和派生实验、类的多态实验、抽象类和抽象方法实验。

实验内容:掌握类的定义和简单应用;以控制台应用程序为例,实现类的定义、类的继承和派生、类的多态、抽象类和抽象方法等。

1. 类的组成

类的成员包括以下类型:

局部变量:在 for 等语句中和类方法中定义的变量,只在指定范围内有效。

字段:即类中的变量或常量,包括静态字段、实例字段、常量和只读字段。

属性:与类中的某个字段相联系,通过 get 和 set 方法对字段进行读写,其本质是方法。

构造函数和析构函数:是类中比较特殊的两种成员变量,主要用于对对象进行初始化和回收对象资源。如果一个类含有构造函数,在实例化该类的对象时就会调用;如果含有析构函数,则会在销毁对象时调用它。目前,析构函数不再使用。

方法:包括静态方法和非静态方法。

索引指示器:允许像使用数组那样访问类中的数据成员。

操作符重载:采用重载操作符的方法定义类中特有的操作。

程序示例 1 编写一个类,成员包括常量字段 Pi,实例字段及其属性圆的半径 R,无参构造函数将半径 R 设置为 0,有参构造函数设置半径 R 的值,另外,对该类的圆的周长、面积和球的体积等方法进行重载。

```
using System;
namespace Chp09_01
{
```

```
class MyCircle
{
    const double Pi = 3.1415926;
    private double r;
    public double R
    {
        get { return r; }
        set { r = value; }
    }

    public MyCircle()
    {
        r = 0;
    }

    public MyCircle(double m)
    {
        r = m;
    }

    public double Perimeter()
    {
        return 2 * Pi * r;
    }

    public double Perimeter(double m)
    {
        return 2 * Pi * m;
    }

    public double Area()
    {
        return Pi * r * r;
    }

    public double Area(double m)
    {
        return Pi * m * m;
    }

    public double Volume()
```

```
        {
            return Pi * r * r * r * 4.0 / 3.0;
        }

        public double Volume(double m)
        {
            return Pi * m * m * m * 4.0 / 3.0;
        }
    }

    class Program
    {
        static void Main(string[] args)
        {
            MyCircle m1 = new MyCircle();
            Console.WriteLine("圆的半径{0},周长{1},面积{2},球的体积{3}",
            m1.R,m1.Perimeter(), m1.Area(), m1.Volume());
            Console.Write("请输入圆的半径：");
            double q = double.Parse(Console.ReadLine());
            MyCircle m2 = new MyCircle(q);
            Console.WriteLine("圆的半径{0},周长{1},面积{2},球的体积{3}",
            m2.R, m2.Perimeter(q), m2.Area(q), m2.Volume(q));
            Console.ReadKey();
        }
    }
}
```

需要说明的是，在上述例子的 MyCircle 类中，我们多次使用到方法的重载。方法重载指调用同一方法名，但各个方法中参数的数据类型、个数或顺序不同。只要类中有两个或两个以上的同名方法，但使用的参数类型、个数或顺序不同，调用时，编译器就可以判断在哪种情况下调用哪种方法。

2. 类的继承和派生

所谓继承，指在已有类的基础上构造新的类，新类继承了原有类的数据成员、属性、方法和事件。原有的类称为基类，新类称为派生类。通过继承，派生类能够在增加新功能的同时，吸收现有类的数据和行为，从而提高程序的可重用性。从集合的角度来说，派生类是基类的子集。

程序示例 2 基类和派生类的例子。

```
using System;
namespace Chp09_02
{
    //基类：学生
    class Student
    {
        protected string No;                              //字段
        protected string Name;
        protected int Score;
        public Student()                                  //构造函数
        {
        }

        public Student(string a, string b, int c)         //构造函数
        {
            No = a;
            Name = b;
            Score = c;
        }

        public void PrintInfo()                           //方法
        {
            Console.WriteLine(No);
            Console.WriteLine(Name);
            Console.WriteLine(Score);
        }
    }

    //派生类：学生干部
    class StudentLeader : Student
    {
        private string Duty;                              //字段
        public StudentLeader(string a, string b, int c, string d)
                                                          //构造函数
        {
            No = a;
            Name = b;
            Score = c;
            Duty = d;
        }
```

```csharp
        /*
        public void NewPrintInfo()                            //方法
        {
            Console.WriteLine(No);
            Console.WriteLine(Name);
            Console.WriteLine(Score);
            Console.WriteLine(Duty);
        }*/

        public new void PrintInfo()
        {
            Console.WriteLine(No);
            Console.WriteLine(Name);
            Console.WriteLine(Score);
            Console.WriteLine(Duty);
        }
    }

    class Program
    {
        static void Main(string[] args)
        {
            StudentLeader s1 = new StudentLeader("990001", "liming", 80,
            "Moniter");
            s1.PrintInfo();
            //s1.NewPrintInfo();
            Console.ReadKey();
        }
    }
}
```

3. 类的多态性

"多态性"这个词本身的含义指同一事物在不同的条件下可以表现出不同的形态。这一点在对象之间进行通信时非常有用，如一个对象发消息到其他对象，它并不一定要知道接收消息的对象属于哪一类。接收到消息后，不同类型的对象可以做出不同的解释，执行不同的操作，从而产生不同的结果。

上一小节中提到，派生类很少一成不变地继承基类中的所有成员。一种较为普遍和灵活的情况是将基类的方法成员定义为**虚拟方法**，而在派生类中对虚拟方法进行**重写**。这样可以实现运行时的多态性，即程序可以在运行过程中确定应该调用哪一个方法成员。基类的虚拟方法通过关键字 virtual 定义，而派生类的重写方法通过 override 定义。

程序示例 3 修改程序示例 2 中的例子，使用虚拟方法和重写方法实现多态性。

```
using System;
namespace Chp09_03
{
    //基类：学生
    class Student
    {
        protected string No;
        protected string Name;                          //字段
        protected int Score;
        public Student()                                //构造函数
        {
        }

        public Student(string a, string b, int c)       //构造函数
        {
            No = a;
            Name = b;
            Score = c;
        }

        public virtual void PrintInfo()                 //虚拟方法
        {
            Console.WriteLine(No);
            Console.WriteLine(Name);
            Console.WriteLine(Score);
        }
    }

    //派生类：学生干部
    class StudentLeader : Student
    {
        public string Duty;
        public StudentLeader(string a, string b, int c, string d):
        base(a, b, c)//构造函数
        {
            Duty = d;
        }
        public override void PrintInfo()                //重写方法
```

```
        {
            base.PrintInfo();
            Console.WriteLine(Duty);
        }
    }

    class Program
    {
        static void Main(string[] args)
        {
            StudentLeader s1 = new StudentLeader("990001", "liming", 80,
            "Moniter");
            s1.PrintInfo();
            Console.ReadKey();
        }
    }
}
```

需要注意重写和重载的区别：重写是派生类具有和基类同名的方法，即用派生类同名(可以同形参和返回值)重写基类的同名方法，所以也称为覆盖，属于运行时多态；而重载(如程序示例 1 中周长、面积等方法的重载)是同一个类中具有同名的方法，其形参列表不能相同，属于编译时多态。

4. 抽象类和抽象方法

在实际编程中，有些存在的概念或功能并不具备确定的特征，很难将其与具体的事物联系起来。为了更好地表达这种概念和名词，C#引入抽象类的概念，让其作为基类被派生类继承。例如，"图形"就可以是一个抽象类，因为每一个具体的图形对象必然是其派生类的实例，如"四边形""圆形""三角形"等。

抽象类是一种特殊的类，为其派生类提供统一的界面。抽象类是为了抽象和设计的目的而建立的，可以说，建立抽象类，就是为了通过它多态地使用其中的成员方法。抽象类不允许创建类的实例，也就是说无法声明一个抽象类的对象，而只能通过继承机制生成非抽象的派生类，然后再实例化。

与抽象类对应的是抽象方法，抽象方法不提供方法的功能代码，因此在派生类中必须对该抽象方法进行重写，以实现所需要的功能。抽象方法通过关键字 abstract 定义，而派生类中对抽象方法的重写也是通过 override 关键字定义。

程序示例 4 抽象类和抽象方法。

```
using System;
namespace Chp09_04
```

```csharp
{
    public abstract class Shape
    {
        public const double Pi = 3.1415926;
        public abstract double area();           //抽象方法,不需要定义
    }

    public class Circle : Shape
    {
        private double radius;
        public Circle(double r)
        {
            radius = r;
        }
        public override double area()
        {
            return (Shape.Pi * radius * radius);
        }
    }

    public class Rectangle : Shape
    {
        private int width, height;
        public Rectangle(int w, int h)
        {
            width = w;
            height = h;
        }
        public override double area()
        {
            return (width * height);
        }
    }

    class Program
    {
        static void Main(string[] args)
        {
            Rectangle rect = new Rectangle(5, 6);
            Console.WriteLine("Area of the rect is " + rect.area());
            Circle cir = new Circle(2);
```

```
            Console.WriteLine("Area of the cir is " + cir.area());
            Console.ReadKey();
        }
    }
}
```

5. 自主练习

(1) 编写一个 MyRectangle 类，成员包括：实例字段及其属性矩形的长(length)和宽(width)，无参构造函数将长 L 和宽 W 分别设置为 0，有参构造函数设置长 L 和宽 W 的值，另外，要求对该类的矩形的周长(Perimeter)、面积(Area)等方法进行重载，每个方法至少给出两种形式。最后，编程实现对 MyRectangle 类的所有功能进行验证。

(2) 编写一个通用的人员类(Person)，该类具有姓名(Name)、年龄(Age)、学号(Id)等属性。然后对 Person 类的继承得到一个学生类(Student)，该类能够存放学生 6 门课程的成绩，并能求平均成绩，要求对该类的构造函数进行重载，至少给出两个形式。最后编程对 Student 类的功能进行验证。

实验 10 Windows 窗体应用

Windows 窗体应用程序主要通过窗体(Form)和应用发生交互，如 TextBox 文本框控件的输入操作和 Label 控件的输出操作等。窗体是用户设计程序外观的操作界面，在该界面中，可以添加各种 Windows 窗体控件。本实验主要介绍常用控件的使用，包括属性和事件。

属性定义了控件可以呈现的视觉效果等其他设置。例如，控件都有 Name 属性，用来获取或设置控件的名称。Size 属性用来获取或设置控件的高度和宽度。不同种类的控件有一些属于自己的特殊属性，掌握这些特殊属性则是掌握不同控件的关键。

事件是可以通过代码响应的操作。事件可由用户操作(如按下某个键)、程序代码或系统生成。事件驱动的应用程序执行代码以响应事件。每个窗体和控件都公开一组预定义事件，可根据这些事件进行编程。如果发生其中一个事件并且在相关联的事件处理程序中有代码，则调用该代码。

实验目的： 通过对常用控件 Button、Label、TextBox、RadioButton、CheckBox、ComboBox、ListBox、PictureBox、GroupBox、MessageBox、OpenFileDialog 和菜单设计等的练习，使学生理解并初步掌握 C#程序中 Windows 窗体应用程序。

相关实验： 摄氏温度和华氏温度的相互转换实验、学生注册系统实验、图像显示和缩放实验以及菜单设计的实验。

实验内容： 熟悉常用控件，以 Windows 窗体程序为例，实现摄氏温度和华氏温度的相互转换、学生注册系统、图像显示和缩放以及菜单设计等功能。

1. Button、Label、TextBox 控件的使用

Button 控件允许用户通过单击来执行操作，当该按钮被单击时，即调用 Click 事件处理程序。

Label 控件通常用于提供控件的描述性文字。

TextBox 控件允许用户可以在应用程序中输入文本(表 10-1)。

程序示例 1 使用 Button、Label 和 TextBox 控件实现摄氏温度和华氏温度的相互转换，如图 10-1 所示。

表 10-1 控件的属性设置

控件类型	控件名称	属性	设置结果
窗体	Form1	Text	摄氏温度与华氏温度相互转换
文本框	TextBox1	Name	txtC
	TextBox2	Name	txtF

续表

控件类型	控件名称	属性	设置结果
按钮	Button1	Name	btnC2F
		Text	==>
	Button2	Name	btnF2C
		Text	<==
标签	Label1	Name	lblC
	Label2	Name	lblF

```
using System;
using System.Windows.Forms;
namespace Chp10_01
{
    public partial class Form1 : Form
    {
        public Form1()
        {
            InitializeComponent();
        }

        private void btnC2F_Click(object sender, EventArgs e)
        {
            double c = 9 * double.Parse(txtC.Text) / 5 + 32;
            txtF.Text = c.ToString();
        }

        private void btnF2C_Click(object sender, EventArgs e)
        {
            double f = 5 * (double.Parse(txtF.Text) - 32) / 9;
            txtC.Text = f.ToString();
        }
    }
}
```

2. RadioButton、CheckBox、ComboBox、ListBox 控件的使用

RadioButton 控件显示为右边是一个标签，左边是一个圆点，该点可以是选中或未选中。需要使用几个互斥选项时，就可使用该按钮。

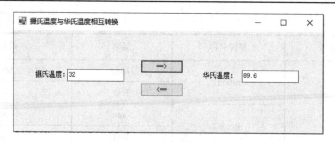

图 10-1 程序界面设计

CheckBox 控件,与 RadioButton 控件相对应,显示为右边是一个标签,左边是带有标记的小方框。当有选择一个或者多个选项的需要时就使用复选框。

ComboBox 控件组合了一个不可编辑的文本框和一个下拉框,该下拉框包含一个允许用户选择的选项列表。ComboBox 有一个关联的项容器,即 ComboBoxItem,其中包含控件中的各项内容。

ListBox 控件向用户显示一列项,用户可通过单击选择这些项。ListBox 控件可使用 SelectionMode 属性提供单项选择或多项选择(表 10-2)。

程序示例 2 使用 RadioButton、CheckBox、ComboBox、ListBox 控件实现一个学生注册系统,如图 10-2 所示。

表 10-2 控件的属性设置

控件类型	控件名称	属性	设置结果
窗体	Form1	Text	学生注册系统
按钮	Button1	Name	btnOk
		Text	提交
文本框	TextBox1	Name	txtName
	TextBox2	Name	txtResult
		ReadOnly	True
		Multiline	True
组合框	ComboBox1	Name	comboSchool
		Items	河北师范大学、河北地质大学、河北农业大学
单选框	RadioButton1	Name	radMale
		Text	男
	RadioButton2	Name	radFemale
		Text	女

续表

控件类型	控件名称	属性	设置结果
复选框	CheckBox1	Name	chkSports
	CheckBox2	Name	chkMusic
	CheckBox3	Name	chkArts
	CheckBox4	Name	chkManage
列表框	ListBox1	Name	listMajor
		Items	自然地理、人文地理、地理科学、地理信息科学
标签	Label1	Text	学生注册系统
	Label2	Text	姓名:
	Label3	Text	性别:
	Label4	Text	学校:
	Label5	Text	专业:
	Label6	Text	爱好:

```csharp
using System;
using System.Windows.Forms;
namespace Chp10_02
{
    public partial class Form1 : Form
    {
        public Form1()
        {
            InitializeComponent();
        }
        private void btnOk_Click(object sender, EventArgs e)
        {
            txtResult.Text = txtName.Text + ", 您好, 欢迎进入 C#! \r\n";
            if (radMale.Checked)
                txtResult.Text += "\n您的性别是: " + radMale.Text + "\r\n";
            else if (radFemale.Checked)
                txtResult.Text += "\n您的性别是: " + radFemale.Text + "\r\n";
            if (comboSchool.SelectedIndex > -1)
                txtResult.Text += "\n您的学校是: " + comboSchool.SelectedItem.ToString() + "\r\n";
            else
```

```
                txtResult.Text += "\n您没有选择学校" + "\r\n";
            if (listmajor.SelectedIndex > -1)
             txtResult.Text += "\n您的专业是: " + listmajor.SelectedItem.
             ToString() + "\r\n";
            else
                txtResult.Text += "\n您没有选择专业" + "\r\n";

            txtResult.Text += "\n 您的爱好是: " + "\n";
            if (chkSports.Checked)
                txtResult.Text += chkSports.Text + " ";
            if (chkMusic.Checked)
                txtResult.Text += chkMusic.Text + " ";
            if (chkArts.Checked)
                txtResult.Text += chkArts.Text + " ";
            if (chkManage.Checked)
                txtResult.Text += chkManage.Text + " ";
            if ((!chkSports.Checked) && (!chkMusic.Checked) && (!chkArts.
            Checked) && (!chkManage.Checked))
                txtResult.Text += "您居然没有兴趣爱好! ";
        }
    }
}
```

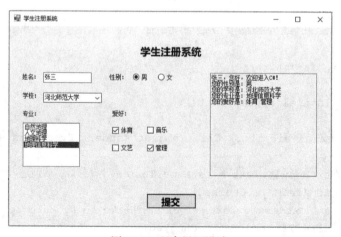

图 10-2　程序界面设计

3. PictureBox、GroupBox、MessageBox 和 OpenFileDialog

PictureBox 控件用于显示图形文件。

GroupBox 控件的作用是为其他控件提供可识别的分组，如 RadioButton 及

CheckBox 控件，显示在一个框架中，其上有一个标题。移动 GroupBox 的时候，其中的控件也会跟着一起移动。

MessageBox 消息框一般用于程序运行过程中显示提示或信息，可以有不同格式的消息框。Windows 应用程序中，为提高用户的交互能力，消息框大量使用。

OpenFileDialog 是通用对话框的一种，通用对话框仅用于应用程序与用户之间进行信息交互，是输入输出的界面，不能真正实现文件打开、文件存储等操作，如果想要实现这些功能则需要编程实现(表 10-3)。

程序示例 3 动态打开、显示和缩放图像，如图 10-3 和图 10-4 所示。

表 10-3 控件的属性设置

控件类型	控件名称	属性	设置结果
窗体	Form1	Text	动态打开、显示和缩放图像
按钮	Button1	Name	btnOpen
		Text	打开图像
	Button2	Name	btnEnlarge
		Text	缩小图像
	Button3	Name	btnReduce
		Text	放大图像
图片框	PictureBox1	Name	PictureBox1
		SizeMode	stretchImage
		BorderStyle	Fixed3D
		BackColor	淡蓝色
分组框	GroupBox1	Name	GroupBox1
		Text	图像的显示与缩放
通用对话框	OpenFileDialog1	Name	OpenFileDialog1

```
using System;
using System.Windows.Forms;
namespace Chp10_03
{
    public partial class Form1 : Form
    {
        public Form1()
        {
            InitializeComponent();
        }
```

```csharp
private void btnOpen_Click(object sender, EventArgs e)
{
    OpenFileDialog openFileDialog1 = new OpenFileDialog();
    openFileDialog1.InitialDirectory = @"C:\";
    openFileDialog1.Filter = "Image Files(*.BMP;*.JPG;*.TIF;*.PNG)|*.BMP;*.JPG;*.TIF;*.PNG";
    openFileDialog1.RestoreDirectory = true;
    if (openFileDialog1.ShowDialog() == DialogResult.OK)
        pictureBox1.Load(openFileDialog1.FileName);
}

private void btnEnlarge_Click(object sender, EventArgs e)
{
    if (pictureBox1.Width >= 50)
    {
        pictureBox1.Width = Convert.ToInt32(pictureBox1.Width * 0.8);
        pictureBox1.Height = Convert.ToInt32(pictureBox1.Height * 0.8);
    }
    else
    {
        MessageBox.Show(this, "图像已经最小了，不能再缩了！", "提示对话框", MessageBoxButtons.OK, MessageBoxIcon.Warning);
    }
}

private void btnReduce_Click(object sender, EventArgs e)
{
    if (pictureBox1.Width < 500)
    {
        pictureBox1.Width = Convert.ToInt32(pictureBox1.Width * 1.2);
        pictureBox1.Height = Convert.ToInt32(pictureBox1.Height * 1.2);
    }
    else
    {
        MessageBox.Show(this, "图像已经最大了，不能再放大了！", "提示对话框", MessageBoxButtons.OK, MessageBoxIcon.Warning);
    }
}
```

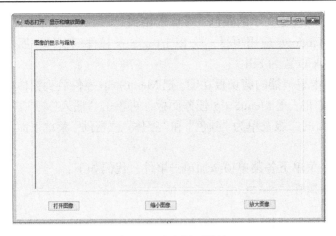

图 10-3　程序界面设计

图 10-4　程序运行效果

4. 菜单设计

一个应用程序应该包含完备的菜单系统。在用户界面中，菜单是一个很重要的外观界面。用户通过菜单可以方便、快捷地执行不同的命令。

菜单是操作界面中基本的控件之一。在实际应用中，菜单有两种基本类型：一是主菜单，用户单击主菜单上的菜单项时通常会下拉一个子菜单；二是弹出菜单，也称为上下文菜单，是用户在某个对象右击所弹出的菜单。针对主菜单和弹出菜单，Visual Studio 2012 工具箱分别提供了 MenuStrip 和 ContextMenuStrip 控件。本小节主要介绍主菜单。

程序示例 4　文本编辑器的实现：实现一个类似于 Windows 写字板的程序。

(1) 用 RichTextBox 控件实现文本编辑器。RichTextBox 控件可以用来输入和编辑文本，该控件和 TextBox 控件有许多相同的属性、事件和方法，但比 TextBox 控件的功能多，可以设定文字的颜色、字体等格式。

新建一个 Windows 应用项目，放 RichTextBox 控件到窗体，属性 Name 设置为 rtbContent，Dock 设置为 Fill。

(2) 实现文本编辑器的剪切板功能。把 MenuStrip 控件放到窗体中，单击菜单栏右上角的三角按钮打开 MenuStrip 任务面板，再单击"插入标准项"链接，并修改"工具"菜单下面的二级菜单为"颜色"和"字体"，"帮助"菜单下面只保留"关于"子菜单。

为"编辑"菜单下各菜单项添加单击事件，代码如下：

```csharp
private void 撤消UToolStripMenuItem_Click(object sender, EventArgs e)
{
    rtbContent.Undo();
}

private void 重复RToolStripMenuItem_Click(object sender, EventArgs e)
{
    rtbContent.Redo();
}

private void 剪切TToolStripMenuItem_Click(object sender, EventArgs e)
{
    rtbContent.Cut();
}

private void 复制CToolStripMenuItem_Click(object sender, EventArgs e)
{
    rtbContent.Copy();
}

private void 粘贴PToolStripMenuItem_Click(object sender, EventArgs e)
{
    rtbContent.Paste();
}

private void 全选AToolStripMenuItem_Click(object sender, EventArgs e)
{
    rtbContent.SelectAll();
}
```

(3) 实现文本编辑器的存取文件功能。把 OpenFileDialog 和 SaveFileDialog 控件放到窗体中，属性 Name 分别设置为 openFileDialog1 和 saveFileDialog1。

为 Form1 类增加 string 类型变量，记录当前编辑的文件名为 string s_FileName = ""，如果为空，表示还未记录文件名，即编辑的文件还没有名字。当单击菜单项保存文件时，必须请用户输入文件名。

为"文件"菜单下各菜单项添加单击事件，代码如下：

```
private void 新建NToolStripMenuItem_Click(object sender, EventArgs e)
{
    rtbContent.Clear();
    s_FileName = "";
}

private void 打开OToolStripMenuItem_Click(object sender, EventArgs e)
{
    openFileDialog1.InitialDirectory = "C:\\";
    openFileDialog1.Filter = "文本文件|*.txt|c#文件|*.cs|所有文件|*.*";
    openFileDialog1.RestoreDirectory = true;
    openFileDialog1.FilterIndex = 1;
    if (openFileDialog1.ShowDialog() == DialogResult.OK)
    {
        s_FileName = openFileDialog1.FileName;
        rtbContent.LoadFile(openFileDialog1.FileName,
        RichTextBoxStreamType.PlainText);
    }
}

private void 另存为AToolStripMenuItem_Click(object sender, EventArgs e)
{
    if (saveFileDialog1.ShowDialog() == DialogResult.OK)
    {
    s_FileName = saveFileDialog1.FileName;
    rtbContent.SaveFile(saveFileDialog1.FileName,RichTextBoxStreamType.
    PlainText);
    }
}

private void 保存SToolStripMenuItem_Click(object sender, EventArgs e)
{
    if (s_FileName.Length != 0)
        rtbContent.SaveFile(s_FileName,RichTextBoxStreamType.PlainText);
    else
        另存为AToolStripMenuItem_Click(sender, e);
}
```

```
private void 退出XToolStripMenuItem_Click(object sender, EventArgs e)
{
    Close();
}
```

(4) 修改字体属性。为修改字体属性，首先打开字体对话框 FontDialog，选择指定字体。可以按两种方式修改字体，如果未选中字符，表示以后输入的字符将按选定字体输入。如果选中字符，则仅修改选定字符的字体。修改字符颜色也根据相同的原则。

放 FontDialog 控件到窗体，Name 属性设置为 fontDialog1。

为"字体"菜单项增加事件处理函数，代码如下：

```
private void 字体OToolStripMenuItem_Click(object sender, EventArgs e)
{
    if (fontDialog1.ShowDialog() == DialogResult.OK)
        rtbContent.SelectionFont = fontDialog1.Font;
}
```

(5) 修改颜色属性。放 ColorDialog 控件到窗体，Name 属性设置为 colorDialog1。

为"颜色"菜单项增加事件处理函数，代码如下：

```
private void 颜色CToolStripMenuItem_Click(object sender, EventArgs e)
{
    if (colorDialog1.ShowDialog() == DialogResult.OK)
        rtbContent.SelectionColor = colorDialog1.Color;
}
```

(6) 显示关于对话框。利用 MessageBox 显示当前软件的版本信息，代码如下：

```
private void 关于AToolStripMenuItem_Click(object sender, EventArgs e)
{
    MessageBox.Show("版本号：V1.0", "文本编辑器");
}
```

5. 自主练习

(1) 校园歌手评分。学校举办校园歌手大赛，需要使用计算机为选手评分，评分原则是从若干个评委的打分中去掉一个最高分和一个最低分，剩下的得分取平均分即是选手的最后得分。程序的运行界面如图 10-5 所示。

图 10-5　程序运行效果

(2) 学生管理系统。学校要核对在校学生的信息，程序的运行界面如图 10-6 所示。

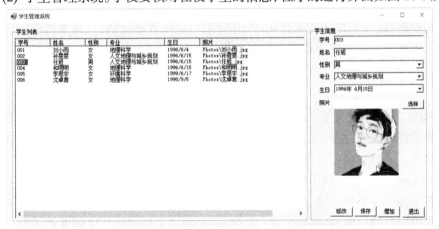

图 10-6　程序运行效果

实验 11   文件访问应用

文件是数据的一种组织形式，文件系统的目标就是提高存储器的利用率，接受用户的委托实施对文件的操作。Windows 操作系统对文件的管理采用多级目录结构，并提供了一组命令用于文件和目录的管理。可以使用.NET 类库提供的标准方法进行目录管理、文件控制和文件存取等工作。本实验主要介绍文件输入输出(I/O)操作。

C#将文件视为一个字节序列，以流的方式对文件进行操作。流是字节序列的抽象概念，文件、输入输出设备、TCP/IP 套接字等都可以视为一个流。.NET 对流的概念进行了抽象，为这些不同类型的输入和输出提供了统一的视图，使程序员不必了解操作系统和基础设备的具体细节。

实验目的：通过对文件流、流的文本读写、流的二进制读写及获取文件信息等练习，使学生理解并初步掌握 C#文件访问的操作。

相关实验：文件流实验、流的文本读写实验、流的二进制读写实验及获取文件信息实验。

实验内容：了解简单的文件访问，以控制台应用程序为例，实现文件流的读写、流的二进制读写及文件信息的获取等功能。

1. 文件流

.NET 类库中定义了一个抽象类 Stream，表示对所有流的抽象，而每种具体的存储介质都可以通过 Stream 的派生类实现自己的流操作。FileStream 是对文件流的具体实现，通过它可以以字节方式对流进行读写。

System.IO 命名空间中提供了不同的读写器来对流中的数据进行操作,这些类通常成对出现，一个用于读，一个用于写。例如，TextReader 和 TextWriter 以文本方式对流进行读写；而 BinaryReader 和 BinaryWriter 采用的是二进制方式。

FileStream 类的 ReadByte 和 WriteByte 方法都只能用于单字节操作。要一次处理一个字节序列，需要使用 Read 和 Write 方法，而且读写的字节序列都位于一个 byte 数组类型的参数中。

程序示例 1   把字符串写入文件 D:\\MyFile.txt 中。

```
using System;
using System.IO;
namespace Chp11_01
{
    class Program
    {
        static void Main(string[] args)
```

```csharp
        {
            //创建一个文件流
            FileStream fs = new FileStream(@"D:\MyFile.txt", FileMode.Create);
            //将字符串的内容放入缓冲区
            string str = "Welcome to the China!";
            byte[] buffer = new byte[str.Length];
            for (int i = 0; i < str.Length; i++)
            {
                buffer[i] = (byte)str[i];
            }
            //写入文件流
            fs.Write(buffer, 0, buffer.Length);

            string msg = "";
            //定位到流的开始位置
            fs.Seek(0, SeekOrigin.Begin);
            //读取流中前 7 个字符
            for (int i = 0; i < 7; i++)
            {
                msg += (char)fs.ReadByte();
            }
            //显示读取的信息和流的长度
            Console.WriteLine("读取内容为：{0}", msg);
            Console.WriteLine("文件长度为：{0}", fs.Length);
            //关闭文件流
            fs.Close();
            Console.ReadKey();
        }
    }
}
```

程序运行结果如图 11-1 所示。

需要注意的是，使用完 FileStream 对象后，一定不能忘记使用 Close 方法关闭文件流，否则不仅会使别的程序不能访问该文件，还可能导致文件损坏。

图 11-1 程序运行结果

2. 流的文本读写器

StreamReader 和 StreamWriter 主要用于以文本方式对流进行读写操作，以字节流操作对象,支持不同的编码方式。StreamReader 和 StreamWriter 通常是成对使用,它们的构造函数形式也一一对应。可以通过指定文件名或指定另一个流对象来创建 StreamReader 和 StreamWriter 对象。

不通过文件流而直接创建 StreamReader 对象时,默认的文件流对象是只读的。以同样的方式来创建 StreamWriter 对象的话,默认的文件流对象是只写的。

StreamReader 最常用的是 ReadLine 方法,该方法一次读取一行字符。StreamWriter 则提供了 Write 和 WriteLine 方法对流进行写操作。

程序示例 2 StreamReader 和 StreamWriter 的使用。

```
using System;
using System.IO;
namespace Chp11_02
{
    class Program
    {
        static void Main(string[] args)
        {
            StreamReader sr = new StreamReader(@"D:\MyFile.txt");
            Console.WriteLine("CanRead:{0}", sr.BaseStream.CanRead);
            Console.WriteLine("CanWrite:{0}", sr.BaseStream.CanWrite);
            sr.Close();
            StreamWriter sw = new StreamWriter(@"D:\MyFile.txt");
            Console.WriteLine("CanRead:{0}", sw.BaseStream.CanRead);
            Console.WriteLine("CanWrite:{0}", sw.BaseStream.CanWrite);
            sw.Close();
            Console.ReadKey();
        }
    }
}
```

程序运行结果如图 11-2 所示。

图 11-2　程序运行结果

程序示例 3　StreamReader 和 StreamWriter 的读写操作。

```
using System;
using System.IO;
namespace Chp11_03
{
    class Program
    {
        static void Main(string[] args)
        {
            //创建一个文件流
            FileStream fs = new FileStream("D:\\MyFile.txt", FileMode.Create,
            FileAccess.Write);
            StreamWriter sw = new StreamWriter(fs);
            sw.WriteLine(25);                   //写入整数
            sw.WriteLine(3.1415926);            //写入双精度浮点型
            sw.WriteLine("A");                  //写入字符
            sw.Write("写入时间: ");              //写入字符串
            int hour = DateTime.Now.Hour;
            int minute = DateTime.Now.Minute;
            int second = DateTime.Now.Second;
            //写入格式化字符串
            sw.WriteLine("{0}时{1}分{2}秒", hour, minute, second);
            //关闭文件
            sw.Close();
            fs.Close();
        }
    }
}
```

需要注意的是，在关闭文件时，要先关闭读写器对象，再关闭文件流对象。如果对同一个文件同时创建了 StreamReader 和 StreamWriter 对象，则应先关闭 StreamWriter 对象，再关闭 StreamReader 对象。

3. 流的二进制读写器

BinaryReader 和 BinaryWriter 以二进制方式对流进行 I/O 操作。和文本读写器不同的是，BinaryReader 和 BinaryWriter 对象不支持从文件名直接进行构造。

BinaryReader 类提供了多个读的操作方法，用于读入不同类型的数据对象，而 BinaryWriter 则只提供了一个方法 Write 进行写操作，但提供了多种重载形式，用于写入不同类型的数据对象。

程序示例 4 BinaryReader 和 BinaryWriter 的读写操作。

```csharp
using System;
using System.IO;
namespace Chp11_04
{
    class Program
    {
        static void Main(string[] args)
        {
            BinaryWriter bw;
            BinaryReader br;
            int i = 25;
            double d = 3.1415926;
            bool b = true;
            string s = "I am happy";

            //创建文件流和二进制读写器
            try
            {
                FileStream fs = new FileStream(@"D:\MyFile.txt", FileMode.Create);
                bw = new BinaryWriter(fs);
            }
            catch (IOException e)
            {
                Console.WriteLine(e.Message + "\n Cannot create file.");
                return;
            }

            //写入文件
            try
            {
                bw.Write(i);
                bw.Write(d);
                bw.Write(b);
                bw.Write(s);
            }
            catch (IOException e)
            {
                Console.WriteLine(e.Message + "\n Cannot write to file.");
                return;
```

```
        }
        bw.Close();

        //读取文件
        try
        {
            FileStream fs = new FileStream(@"D:\MyFile.txt", FileMode.
            Open);
            br = new BinaryReader(fs);
        }
        catch (IOException e)
        {
            Console.WriteLine(e.Message + "\n Cannot open file.");
            return;
        }

        try
        {
            i = br.ReadInt32();
            Console.WriteLine("整数为{0}", i);
            d = br.ReadDouble();
            Console.WriteLine("实数为{0}", d);
            b = br.ReadBoolean();
            Console.WriteLine("布尔值为{0}", b);
            s = br.ReadString();
            Console.WriteLine("字符串为{0}", s);
        }
        catch (IOException e)
        {
            Console.WriteLine(e.Message + "\n Cannot read from file.");
            return;
        }
        br.Close();
        Console.ReadKey();
    }
  }
}
```

程序运行结果如图 11-3 所示。

图 11-3　程序运行结果

4. 文件的管理

使用 File 类提供的文件管理功能，不仅可以创建、复制、移动和删除文件，还可以打开文件，以及获取和设置文件的有关信息。File 类同时也是创建流对象的基本要素。

使用文件对象时，一定要注意文件的并发操作问题。当一个程序或进程正在使用文件时，对文件进行的读写、移动等操作都可能会失败；在使用完文件对象后，一定要注意关闭文件，以免其他的程序或进程不能访问。

程序示例 5　输出当前目录下所有文件的时间信息，运行结果如图 11-4 所示。

```csharp
using System;
using System.IO;
namespace Chp11_05
{
    class Program
    {
        public static string GetRelativeName(string sPath)
        {
            int pos;
            for (pos = sPath.Length - 1; pos > 0; pos--)
            {
                if (sPath[pos] == '\\')
                    break;
            }
            if (pos == sPath.Length - 1)
                return sPath;
            else
                return sPath.Substring(pos + 1, sPath.Length - pos - 1);
        }

        public static void ShowFileDetail(string sPath)
        {
            string[] files = Directory.GetFiles(sPath);
            foreach (string sFile in files)
            {
                Console.WriteLine(GetRelativeName(sPath));
                string sTime1 = File.GetCreationTime(sFile).ToString();
                string sTime2 = File.GetLastAccessTime(sFile).ToString();
                string sTime3 = File.GetLastWriteTime(sFile).ToString();
                Console.WriteLine("{0}创建{1}访问{2}修改", sTime1, sTime2,
```

```
            sTime3);
        }
    }
    static void Main(string[] args)
    {
        string sPath;
        if (args.Length == 0)
            sPath = Directory.GetCurrentDirectory();
        else
            sPath = args[0];
        ShowFileDetail(sPath);
        Console.ReadKey();
    }
}
```

图 11-4　程序运行结果

5. 自主练习

使用 StreamReader 和 StreamWrite 读写文件，在 D 盘目录中找到文件"太阳和月亮.txt"。打开文件，看到如图 11-5 所示的文字。

图 11-5　程序运行结果

实验 12 数据库访问应用

数据库访问是程序设计最常用的领域之一，C#通过 ADO.NET 来支持对数据库的操作。

实验目的：通过使用 C#语言设计程序进行数据库连接和数据库中数据项的增加、删除、查询等基本操作，学会利用 ADO.NET 中的类方便地进行数据开发。

相关实验：以 SQLServer2008 R2 数据库为例，设计学生信息管理系统进行数据库的连接和简单命令操作。

实验内容：熟悉 ADO 组件相关对象；以 SQLServer2008 为例，实现简单的学生信息系统，功能上实现数据的存取和更新。

1. ADO.NET 概述

ADO(ActiveX Data Objects)是早期.NET 环境中进行数据库操作的一个组件库(图 12-1)。它提供了关于数据库的操作类，通过这些类进行数据库的访问与应用。

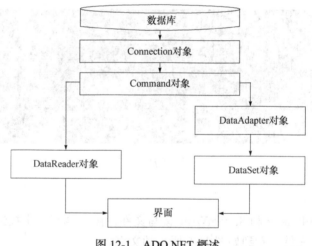

图 12-1 ADO.NET 概述

连接对象(Connection)是使用 ADO.NET 访问数据库的第一个对象，它提供了到数据源的基本连接。使用 Connection 对象和数据库建立连接后，使用 Command 对象通过数据库命令(本实验以 SQL 命令为例)来操作数据库；DataReader 对象以只读方式从数据库中读取数据；DataAdapter 类是一种用来充当数据集与实际数据之间桥梁的对象；DataSet 是数据库数据的内存驻留形式；DataTable 类是 DataSet 的子类，用来表示一个数据表。

程序示例 1 连接数据库。

```
//Connection类,连接Sql 数据库
string strCon = "Data Source=.;Initial Catalog="数据库名称";Integrated
```

```
Security=True";
//数据库连接语句
SqlConnection sqlCon = new SqlConnection(strCon);//创建连接对象
sqlCon.Open();//打开数据库
MessageBox.Show(sqlCon.State.ToString());//显示结果
```

程序示例 2 获取数据。

```
//从 DataReader 类中获取数据中的一列
SqlCommand sqlCom = new SqlCommand("SQL 命令语句", sqlCon);
SqlDataReader sqlReader = sqlCom.ExecuteReader();
while (sqlReader.Read())
    {
        MessageBox.Show(sqlReader["所需要读取的字段"].ToString());
    }
```

```
//使用数据集读取数据中的一列
    SqlDataAdapter sqlDataAdapter = new SqlDataAdapter("SQL 查询语句",
    sqlCon);
    DataSet sqlDataSet = new DataSet();
    sqlDataAdapter.Fill(sqlDataSet,"数据表");
    foreach (DataRow sqlDataRow in sqlDataSet.Tables["数据表"].Rows)
    {
        MessageBox.Show(sqlDataRow["所需要读取的字段"].ToString());
    }
```

2. C#连接数据库应用

(1) 名称：学生信息管理系统。

(2) 数据库(StudentData)情况介绍(表 12-1)。

表 12-1 学生信息表(StudentInfo)

字段名	字段类型	长度	主键	字段约束	说明
Id	Int		是	自增	系统编号
SID	nvarchar	10		非空	学号
SName	nvarchar	10		非空	姓名
SSex	nvarchar	1		非空	性别
SHome	nvarchar	50		非空	家庭住址

程序示例 3 新建一个 SQLHelper 类，封装数据库命令方法。

```csharp
using System;
using System.Configuration;
using System.Data;
using System.Data.SqlClient;

namespace StudentManagement
{
    class SQLHelper
    {
        public static readonly string ConnectionString =
                                    ConfigurationManager.
                                    AppSettings["SQLConnString"];
        //获取 app.config 文件中配置的连接字符串
        //SQLConnString 为需要连接的数据库内容，提前写在 App.config 中了
        //<?xml version="1.0" encoding="utf-8" ?>
        //<configuration>
        //<appSettings>
        /* <add key="SQLConnString" value="Data Source=;
              Initial Catalog=StudentData;
              Integrated Security=True"/> */
        //</appSettings>
        // </configuration>

        //执行指定数据库连接对象的命令，返回一个 DataTable
        public static DataTable GetDataTable(string SQL)
        {
            using (SqlConnection connection = new SqlConnection
            (ConnectionString))
            {
                SqlCommand sqlCom = new SqlCommand();
                sqlCom.Connection = connection;
                sqlCom.CommandText = SQL;
                SqlDataAdapter sqlAdapter = new SqlDataAdapter();
                sqlAdapter.SelectCommand = sqlCom;
                DataSet ds = new DataSet();
                sqlAdapter.Fill(ds);
                return ds.Tables[0];
            }
        }
```

```
//执行指定数据库连接对象的命令,返回一个数值表示此 SqlCommand 命令执行后
  影响的行数
public static int CommandSQL(string SQL)
{
    using (SqlConnection connection = new SqlConnection
    (ConnectionString))
    {
        connection.Open();//打开数据库
        SqlCommand sqlCom = new SqlCommand();
        sqlCom.Connection = connection;
        sqlCom.CommandText = SQL;
        int count = sqlCom.ExecuteNonQuery();
        return count;
    }
}
```

学生信息管理系统运行界面如图 12-2 至图 12-5 所示。

图 12-2　学生信息管理系统——初始界面(主窗体)

程序示例 4　主窗体实现。

```
using System;
using System.Data;
using System.Windows.Forms;

namespace StudentManagement
{
    public partial class Form1 : Form
    {
```

```
public Form1()
{
    InitializeComponent();
}
private void Form1_Load(object sender, EventArgs e)
{
    //根据SQL命令获取StudentData数据库中的StudentInfo数据表,并把
        其填充到dataGridView1中
    //在主窗体打开时即显示数据表
    DataTable dt = SQLHelper.GetDataTable(
                                    "Select id as 编号,
                                     SID as 学号,
                                     SName as 姓名,
                                     SSex as 性别,
                                     SHome as 位置 from
                                     StudentInfo" );
    dataGridView1.DataSource = dt;
}
```

图 12-3　学生信息管理系统——增加学生信息

```
//新增学生信息(跳转到StudentInfo窗口,进行信息编辑添加,见程序示例5)
    private void 信息编辑ToolStripMenuItem_Click(object sender,
EventArgs e)
    {
        FrmStudentInfo frm = new FrmStudentInfo();
        if (frm.ShowDialog() == DialogResult.OK)
        {
            //重新连接更新后的数据表并显示
            DataTable dt = SQLHelper.GetDataTable(
                                            "Select id as 编号,
                                             SID as 学号,
```

```
                                        SName as 姓名,
                                        SSex as 性别,
                                        SHome as 位置
                                from StudentInfo");
        dataGridView1.DataSource = dt;
    }
}
```

12-4 学生信息管理系统——删除学生信息

```
private void 删除学生信息ToolStripMenuItem1_Click(object sender, EventArgs e)
    {
        DialogResult dialogResult =
            MessageBox.Show("是否要删除当前学生的信息？", "提示",
            MessageBoxButtons.OKCancel);
        if (dialogResult == System.Windows.Forms.DialogResult.OK)
        {

        string id = dataGridView1.CurrentRow.Cells[0].Value.ToString();
        //删除数据库中数据
        string sql = string.Format("delete from StudentInfo where Id={0}", id);
        int count = SQLHelper.CommandSQL(sql);
        if (count > 0)
        {
            //重新连接更新后的数据表并显示
            DataTable dt = SQLHelper.GetDataTable(
                                        "Select id as 编号,
                                        SID as 学号,
                                        SName as 姓名,
                                        SSex as 性别,
                                        SHome as 位置
                                from StudentInfo");
```

```
            dataGridView1.DataSource = dt;
        }
    }
}
```

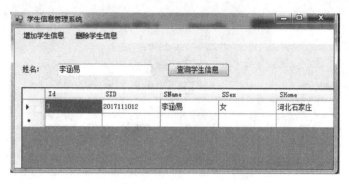

图 12-5　学生信息管理系统——查询学生信息

```
//通过姓名字段查询数据表的内容并显示在表格中
        private void btnSQL_Click(object sender, EventArgs e)
        {
            DataTable dt = SQLHelper.GetDataTable(" Select * from
                            StudentInfo Where SName like '%" +
                            txtName.Text.Trim() + "%'");
            dataGridView1.DataSource = dt;
        }
    }
}
```

程序示例 5　增加学生信息。

```
using System;
using System.Collections.Generic;
using System.Data;
using System.Windows.Forms;

namespace StudentManagement
{
    public partial class FrmStudentInfo : Form
    {
        public FrmStudentInfo()
        {
```

```csharp
        InitializeComponent();
    }

    private void btnOK_Click(object sender, EventArgs e)
    {
        //获取用户输入信息
        string sid = txtSID.Text.Trim();
        string sname = txtName.Text.Trim();
        string sex = cmbSex.SelectedItem.ToString();
        string home = txtHome.Text.Trim();
        string sql = string.Format(
                        "insert into StudentInfo( SID,
                        SName,SSex,SHome)
                        values('{0}','{1}','{2}','{3}');
                        select @@IDENTITY",
                        sid, sname, sex, home);
                        //select @@IDENTITY得到上一次插入记
                         录时自动产生的ID
        DataTable dt = SQLHelper.GetDataTable(sql);
    }
}
```

3. 自主练习

Excel 应用编程采用的也是数据库连接的方式，请查阅相关资料，将本实验的数据库改写为 Excel 文件的实现方式。

实验 13 委托与事件应用

委托与事件应用是面向对象编程的高级技巧，有了它将使面向对象编程变得更方便快捷。委托是一种可以把引用存储为函数的类型，C#通过委托来实现类似其他语言中用函数指针来进行访问的功能，这种机制更安全可靠。事件是一个使对象或类可以提供公告的成员。一个事件声明的类型必须是一个至少同事件本身一样可以访问的委托类型。

实验目的：掌握利用委托和事件编程的技巧，加深对面向对象编程思想的理解。
相关实验：单一委托和多委托的使用，事件的声明和处理。
实验内容：理解并实现委托应用；理解事件与委托的关系，实现案例程序。

1. 委托

委托是引用类型，派生于 System.Delegate 类，它定义了方法的类型，使得可以将方法当作另一个方法的参数来进行传递。这种将方法动态地赋给参数的做法，可以避免在程序中大量使用 if-else(switch)语句，同时使得程序具有更好的可扩展性。使用委托分为三步：声明，实例化，调用。

程序示例 1 单一委托。

```
class Program
    {
        delegate double myDelegate(double d);//声明委托
        static double perimeter(double r)
        {
            return 2 * r * Math.PI;
        }
        static void Main(string[] args)
        {
            myDelegate del;
            del = new myDelegate(area);//实例化，将方法绑定到委托
            Console.WriteLine("半径为123.76的圆的周长是{0}",del(123.76));
                                                                //调用
            Console.ReadKey();
        }
    }
```

程序示例 2 多委托。

```
class Program
```

实验 13 委托与事件应用

```csharp
{
    static int global = 1;
    public delegate void multiDelete(int a,int b,out int result);
                                                //声明委托
    static void Sum(int a,int b, out int sum)
    {
        Console.WriteLine("In Sum 求两数的和");
        global++;
        Console.WriteLine("global={0}",global);
        sum = a + b;
        Console.WriteLine("sum={0}",sum);
    }
    static void Multiple(int a, int b, out int mul)
    {
        Console.WriteLine("In Multiple 求两数的积");
        global++;
        Console.WriteLine("global={0}", global);
        mul= a* b;
        Console.WriteLine("sum={0}", mul);
    }
    static void Main(string[] args)
    {
        multiDelete mDel;
        int result;
        mDel = new multiDelete(Sum);//实例化，将 Sum 方法绑定到委托

        Console.WriteLine("只有一个函数");
        mDel(5,8,out result);//调用
        mDel += new multiDelete(Multiple);//将 Multiple 方法绑定到委托
        Console.WriteLine("result{0}",result );
        Console.WriteLine("这里有两个函数");
        mDel(8,14,out result );
        Console.WriteLine("result{0}", result);
        mDel -= new multiDelete(Sum);//将 Sum 方法从委托中解绑
        Console.WriteLine("只有一个函数");
        mDel(-91,52,out result );
        Console.WriteLine("result{0}", result);
        Console.ReadKey();
    }
}
```

2. 事件

事件(Event)基本上说是一个用户操作，如按键、点击、鼠标移动等，或者是一些出现，如系统生成的通知。应用程序需要在事件发生时响应事件。例如，中断。事件适用于进程间通信，通过事件可以使用委托。

程序示例 3 事件。

```
using System;
namespace SimpleEvent
{
    public class EventTest
    {
        private int value;
        public delegate void NumManipulationHandler();//声明委托
        public event NumManipulationHandler ChangeNum;// 定义了一个名为 ChangeNum 的事件
        protected virtual void OnNumChanged()
        {
            if (ChangeNum != null)
            {
                ChangeNum(); //事件被触发
            }
            else
            {
                Console.WriteLine("event not fire");
                Console.ReadKey(); //回车继续
            }
        }

        public EventTest()
        {
            int n = 5;
            SetValue(n);
        }

        public void SetValue(int n)
        {
            if (value != n)
            {
                value = n;
                OnNumChanged();
```

```csharp
        }
    }

    public class subscribEvent
    {
        public void printf()
        {
            Console.WriteLine("event fire");
            Console.ReadKey();
        }
    }

    public class MainClass
    {
        public static void Main()
        {
            EventTest e = new EventTest();  //实例化对象,第一次没有触发事件
            subscribEvent v = new subscribEvent();  //实例化对象
            e.ChangeNum += new EventTest.NumManipulationHandler(v.printf);
                                            //注册
            e.SetValue(7);
            e.SetValue(11);
        }
    }
}
```

当上面的代码被编译和执行时，会产生下列结果：

```
event not fire
event fire
event fire
```

程序示例 4 把匿名方法当作委托是 C#2.0 中新增的功能。匿名方法不是某个类上面的方法，而纯粹是为用作委托目的而创建的。匿名方法是没有名称只有主体的方法。在匿名方法中不需要指定返回类型，它是从方法主体内的 return 语句推断的。

匿名方法是通过使用 delegate 关键字创建委托实例来声明的。例如：

```
delegate void NumberChanger(int n);
...
NumberChanger nc = delegate(int x)
{
```

```
         Console.WriteLine("Anonymous Method: {0}", x);//匿名方法主体
};
```

委托可以通过匿名方法调用，也可以通过命名方法调用，即可以向委托对象传递方法参数。

```
nc(10);
```

实现代码如下：

```
using System;
delegate void NumberChanger(int n);
namespace DelegateAppl
{
    class TestDelegate
    {
        static int num = 10;
        public static void AddNum(int p)
        {
            num += p;
            Console.WriteLine("Named Method: {0}", num);
        }
        public static void MultNum(int q)
        {
            num *= q;
            Console.WriteLine("Named Method: {0}", num);
        }
        static void Main(string[] args)
        {
            // 使用匿名方法创建委托实例
            NumberChanger nc = delegate(int x)
            {
                Console.WriteLine("Anonymous Method: {0}", x);
            };
            // 使用匿名方法调用委托
            nc(10);
            // 使用命名方法实例化委托
            nc = new NumberChanger(AddNum);
            // 使用命名方法调用委托
            nc(5);
            // 使用另一个命名方法实例化委托
            nc = new NumberChanger(MultNum);
            // 使用命名方法调用委托
```

```
            nc(2);
            Console.ReadKey();
        }
    }
}
```

当上面的代码被编译和执行时，会产生下列结果：

```
Anonymous Method: 10
Named Method: 15
Named Method: 30
```

3. 自主练习

(1) 用委托方法实现对字符串不同的处理方式，例如，逆序字符串、字符串去空格。

(2) 用时间与委托方法实现子窗体向父窗体传递参数。

实验 14 泛型与多线程应用

泛型提供了一种优雅的方式，让多个类型共享一组代码。泛型允许声明类型参数，可以用不同的类型进行实例化。C#提供了五种泛型：类、结构、接口、委托和方法，它们可以根据所存储和操作的数据类型来进行参数化。泛型在编译时提供强大的类型检查，减少数据类型之间的显示转换、装箱操作和运行时的类型检查等，具备可重用性、类型安全和效率高等特性。

线程(thread)是进程中的基本执行单元，是操作系统分配 CPU 时间的基本单位。一个进程可以包含若干个线程，在进程入口执行的第一个线程被视为这个进程的主线程。在.NET 应用程序中，都是以 Main()方法作为入口，当调用此方法时系统就会自动创建一个主线程。多线程是指一个进程中同时有多个线程正在执行。

实验目的：通过简单的应用示例，了解泛型与多线程在实际编程中的应用。
相关实验：通过使用泛型方法实现数组操作和动态验证码的生成。
实验内容：掌握泛型应用；掌握多线程开发实例。

1. 泛型应用

使用泛型方法实现任意类型数组的操作。写入或查找数组中的数值时，有时因为数组类型的不同，需要对不同的数组进行操作。为了减少代码重复和提高代码效率，本实例将使用泛型方法对不同类型的数组进行操作。

关键技术：本实例实现时主要运用泛型方法，该方法中声明了类型参数 T 可以接收任意类型的变量。泛型方法的语法格式如下：

```
修饰符 返回值类型 方法名<类型参数T>()
{
    方法体
}
```

程序示例 1

```csharp
using System;

namespace ArrayOperate
{
    class Program
    {
        public class MyArray<T>
        {
            private T[] array;
```

```csharp
    //新建数组
    public MyArray(int size)
    {
        array = new T[size + 1];
    }

    //写入数据
    public void setItem(int index, T value)
    {
        array[index] = value;
    }

    //读取数据
    public T getItem(int index)
    {
        return array[index];
    }
}

static void Main(string[] args)
{
    // 创建整型数组
    Random r = new Random();
    int arrayLength = 10;
    MyArray<int> intArray = new MyArray<int>(arrayLength);

    // 写入数据
    for (int i = 0; i < arrayLength; i++)
    {
        intArray.setItem(i, r.Next(0, 10));
    }

    // 读取数据
    for (int i = 0; i < arrayLength; i++)
    {
        if (i < arrayLength - 1)
        {
            Console.Write(intArray.getItem(i) + ", ");
        }
        else
```

```
            {
                Console.Write(intArray.getItem(i) + "\n");
            }
        }

        // 创建浮点型数组
        MyArray<float> floatArray = new MyArray<float>(arrayLength);

        // 写入数据
        for (int i = 0; i < arrayLength; i++)
        {
            floatArray.setItem(i, r.Next(0, 100) / 8.0f);
        }

        // 读取数据
        for (int i = 0; i < arrayLength; i++)
        {
            if (i < arrayLength - 1)
            {
                Console.Write(floatArray.getItem(i) + ", ");
            }
            else
            {
                Console.Write(floatArray.getItem(i) + "\n");
            }
        }
        Console.ReadKey();
    }
  }
}
```

程序运行的结果为：

5, 0, 5, 9, 1, 7, 1, 5, 0, 8
6.625, 0, 11.5, 8.75, 5.875, 12.25, 2.125, 12.25, 6.75, 9.5

2. 多线程应用

动态验证码。动态验证码的实际原理就是随机生成6位数字，但如何在一个窗体中实现多个随机数的生成，则需要用到多线程技术。实例运行效果如图14-1所示，当用户单击"Go!"按钮时，窗体会不断滚动6个随机数，用户单击"Stop"按钮时，滚动停止，出现 6 个不同的随机数，构成动态验证码。

关键技术：本实例实现时主要运用到了多线程方法，在窗体中，通过新建一个线程来执行随机数的生成，并取消跨线程访问，防止程序报错。

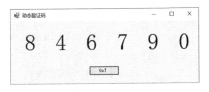

图 14-1　动态验证码

程序示例 2

```
using System;
using System.Threading;
using System.Windows.Forms;

namespace LotteryMachine
{
    public partial class Form1 : Form
    {
        public Form1()
        {
            InitializeComponent();
        }
        bool b = false;
        private void button1_Click(object sender, EventArgs e)
        {
            if (b == false)
            {
                b = true;
                button1.Text = "Stop";
                Thread th = new Thread(NumRandom);
                th.IsBackground = true;
                th.Start();
            }
            else
            {
                b = false;
                button1.Text = "Go! ";
            }
        }
        private void NumRandom()
        {
            Random r = new Random();
            while (b)
```

```csharp
        {
            label1.Text = r.Next(0, 10).ToString();
            label2.Text = r.Next(0, 10).ToString();
            label3.Text = r.Next(0, 10).ToString();
            label4.Text = r.Next(0, 10).ToString();
            label5.Text = r.Next(0, 10).ToString();
            label6.Text = r.Next(0, 10).ToString();
        }
    }

    private void Form1_Load(object sender, EventArgs e)
    {
        //取消跨线程访问
        Control.CheckForIllegalCrossThreadCalls = false;
    }
  }
}
```

3. 自主练习

尝试设计一个多线程执行算法,一个单线程算法,比较其运行效率。

实验 15　图形开发技术应用

GDI+(graphics device interface plus，图形设备接口)是 Windows XP 和 Windows Server 2003 操作系统的子系统，也是.NET 框架的重要组成部分，负责在屏幕和打印机上绘制图形图像和显示信息。

实验目的：使用 C#语言调用 GDI+接口完成图形绘制，了解 GDI+的绘图应用。

相关实验：绘制柱状图、绘制正弦曲线、坐标变换演示和绘制验证码。

实验内容：利用 Windows Form 实现绘制图形要素，包括线、矩形等；掌握如何用数学公式控制几何图形绘制，如正弦曲线；掌握变换矩阵实现坐标变换的方法；实现图形验证码。

1. 绘制柱状图

本实例演示如何在 Winform 窗口中绘制柱状图，实例运行效果如图 15-1 所示。

关键技术：本实例在绘制柱状图时，主要通过调用 Graphics 类中的 DrawLine、FillRectangle 和 DrawRectangle 方法实现线段和矩形的绘制及填充。

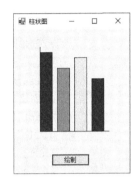

图 15-1　绘制柱状图

程序示例 1

```
using System;
using System.Drawing;
using System.Windows.Forms;

namespace DrawBarChart
{
    public partial class Form1 : Form
    {
        public Form1()
        {
            InitializeComponent();
        }

        //获取属性值中的最大值
        private int GetMax(int[] height)
        {
            int max = height[0];
            for (int i = 1; i < height.Length; i++)
```

```
        {
            if(height[i] > max)
            {
                max = height[i];
            }
        }
        return max;
    }

    private void ShowPic()
    {
        //创建画布
        Bitmap bitM = new Bitmap(this.panel.Width,
        this.panel.Height);
        //创建 Graphics 对象
        Graphics g = Graphics.FromImage(bitM);
        g.Clear(Color.Empty);//设置画布背景
        int[] height = { 150, 120, 140, 100 };//柱状图的高度数据
        int maxheight = GetMax(height);
        Color[] colors = { Color.Red, Color.Orange, Color.Yellow,
        Color.Green };
                                        //柱状图的填充颜色

        int spacing = 10;//柱间间隔
        int barWidth = 24;//柱宽

        //绘制坐标轴
        //坐标原点
        int x0 = (this.panel.Width-barWidth*height.Length-spacing*
        (height.Length-1)) / 2;
        int y0 = this.panel.Height - 20;
        Point pt_origin = new Point(x0, y0);
        int x_end= x0 + barWidth * height.Length + spacing *(height.
        Length - 1) + 10;
        Point ptX_end = new Point(x_end, y0);
        Point ptY_end = new Point(x0, y0 - maxheight - 10);
        //绘制 x 轴
        g.DrawLine(new Pen(Color.Black, 1), pt_origin, ptX_end);
        //绘制 y 轴
        g.DrawLine(new Pen(Color.Black, 1), pt_origin, ptY_end);

        for (int j = 0; j < 4; j++)
```

```
            {
                int x, y, h;//声明变量存储坐标和大小
                h = height[j];//高
                x = x0 + (barWidth + spacing) * j;//x坐标
                y = y0 - height[j];//y坐标
                g.FillRectangle(new SolidBrush(colors[j]),x,y,barWidth,
                h);//开始绘制柱形图
                g.DrawRectangle(new Pen(new SolidBrush(Color.Black),1f),
                    x, y, barWidth, h);
            }
            this.panel.BackgroundImage = bitM;//显示绘制的柱形图
        }

        private void btnDraw_Click(object sender, EventArgs e)
        {
            ShowPic();
        }
    }
}
```

2. 绘制正弦曲线

本实例演示如何在 Winform 窗口中动态绘制正弦曲线,实例运行效果如图 15-2 所示。

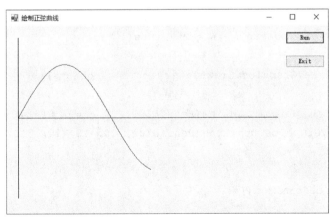

图 15-2 绘制正弦函数曲线

关键技术：本实例在绘制曲线时,主要通过调用 Graphics 类中的 DrawLine 绘制坐标轴和曲线。

程序示例 2

```csharp
using System;
using System.Drawing;
using System.Windows.Forms;

namespace DrawSin
{
    public partial class FormMain : Form
    {
        System.Timers.Timer timer1 = new System.Timers.Timer();
        System.Timers.Timer timer2 = new System.Timers.Timer();
        public int m=0,i=0;
        private Double x=0, y;
        PointF[] myPoints = new PointF[500];
        private bool draw = false;

        public void picture1_paint(object sender,PaintEventArgs e)
        {
            if (draw)
            {
                PointF[] points = new PointF[m];
                for (int i = 0; i < m; i++)
                {
                    points[i].X = myPoints[i].X;
                    points[i].Y = myPoints[i].Y;
                }
                e.Graphics.DrawLines(Pens.Red, points);
            }
            e.Graphics.DrawLine(Pens.Blue, 10, 160, 510, 160);
            e.Graphics.DrawLine(Pens.Blue, 10, 10, 10, 310);
        }

        public FormMain()
        {
            InitializeComponent();
        }

        private void buttonRun_Click(object sender, EventArgs e)
```

```
{
    timer1.AutoReset = true;
    timer2.AutoReset = false;
    timer1.Elapsed += new System.Timers.ElapsedEventHandler
    (timer1_Elapsed);
    timer2.Elapsed += new System.Timers.ElapsedEventHandler
    (timer2_Elapsed);
    timer1.Interval = 10;
    timer2.Interval = 4000;//设置不同的时间间隔，控制正弦函数的绘制
    timer1.Start();
    timer2.Start();
}

public void timer1_Elapsed(object sender, System.Timers.
ElapsedEventArgs e)
{
    draw = true;
    y = Math.Sin(x * Math.PI / 180) * 100;
    myPoints[m].X = (float)(x + 10);
    myPoints[m].Y = (float)(160 - y);
    x++;
    m++;
    if(m>1)
        pictureBox1.Invalidate();
}

public void timer2_Elapsed(object sender, System.Timers.
ElapsedEventArgs e)
{
    timer2.Stop();
    timer1.Stop();
}

private void buttonExit_Click(object sender, EventArgs e)
{
    Application.Exit();
}
}
}
```

3. 坐标变换演示

本实例演示如何通过 GDI+的坐标变换在 Winform 窗口中绘制符合正常数学坐标系的图形，实例运行效果如图 15-3 所示。

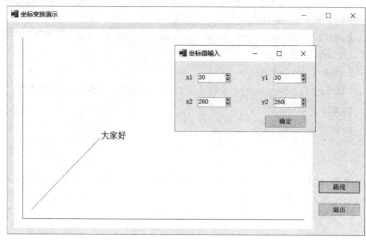

图 15-3　坐标变换演示

关键技术：本实例在绘制坐标轴时，主要通过调用 Matrix 类中的 Scale 和 Translate 方法进行坐标转换，调用 Graphics 类中的 DrawLine 和 DrawString 方法实现。

程序示例 3

主窗体代码：

```
using System;
using System.Drawing;
using System.Windows.Forms;

namespace CoordinateTransform
{
    public partial class FormMain : Form
    {
        public int x1,y1,x2,y2;
        public bool ifFresh = false;

        public FormMain()
        {
            InitializeComponent();
        }

        //坐标转换后平移
        private void transaction(Graphics g)
```

```csharp
{
    System.Drawing.Drawing2D.Matrix myMatrix=new System.Drawing.
    Drawing2D.Matrix();
    myMatrix.Scale(1f,-1f);
    myMatrix.Translate(50f,450,System.Drawing.Drawing2D.
    MatrixOrder.Append);
    g.MultiplyTransform(myMatrix);
}

//在屏幕坐标系中向下为正方向，为了文字的正确显示需要把正方向变回向下
private void texttransaction(Graphics g)
{
    System.Drawing.Drawing2D.Matrix myMatrix = new System.
    Drawing.Drawing2D.Matrix();
    myMatrix.Scale(1f, -1f);
    myMatrix.Translate(0f, 0, System.Drawing.Drawing2D.
    MatrixOrder.Append);
    g.MultiplyTransform(myMatrix);
}

private void PictureBox_Paint(object sender, PaintEventArgs e)
{
    Font font = new Font("SimSun", 18, FontStyle.Regular);
    transaction(e.Graphics);
    e.Graphics.DrawLine(Pens.Blue, 0, 0, 600, 0);
    e.Graphics.DrawLine(Pens.Blue, 0, 0, 0, 400);
    texttransaction(e.Graphics);

    e.Graphics.DrawString("x", font, Brushes.Blue, 610, 0);
    //y值为负，因为当前坐标系方向向下
    e.Graphics.DrawString("y", font, Brushes.Blue, -20, -420);

    if (ifFresh)
    {
        //y值为负，因为当前坐标系方向向下
        e.Graphics.DrawLine(Pens.Red, x1, -1 * y1, x2, -1 * y2);
        e.Graphics.DrawString("大家好", font, Brushes.Black, x2,
        -1 * (y2 + 18));
    }
}
```

```csharp
        private void button1_Click(object sender, EventArgs e)
        {
            Form1 myform1 = new Form1();
            myform1.mymainform = this;
            myform1.Show();
        }

        private void button2_Click(object sender, EventArgs e)
        {
            Application.Exit();
        }
    }
}
```

子窗体代码：

```csharp
using System;
using System.Windows.Forms;

namespace CoordinateTransform
{
    public partial class Form1 : Form
    {
        public FormMain mymainform;

        public Form1()
        {
            InitializeComponent();
        }
        private void btnOK_Click(object sender, EventArgs e)
        {
            mymainform.x1 = Convert.ToInt32(numericUpDown1.Value);
            mymainform.y1 = Convert.ToInt32(numericUpDown2.Value);
            mymainform.x2 = Convert.ToInt32(numericUpDown3.Value);
            mymainform.y2 = Convert.ToInt32(numericUpDown4.Value);
            mymainform.ifFresh = true;
            mymainform.Invalidate();
            this.Close();
        }
    }
}
```

4. 绘制验证码

本实例演示如何在 Winform 窗口中绘制验证码，实例运行效果如图 15-4 所示。

关键技术：本实例主要通过调用 Graphics 类中的 DrawLine 和 DrawString 方法实现数字验证码的绘制。

图 15-4 绘制验证码

程序示例 4

```
using System;
using System.Drawing;
using System.Windows.Forms;

namespace DrawVerificationCode
{
    public partial class Form1 : Form
    {
        public Form1()
        {
            InitializeComponent();
        }

        // 点击更换验证码
        private void pictureBox1_Click(object sender, EventArgs e)
        {
            Random r = new Random();
            string str = null;
            int numCount = 4;
            for (int i = 0; i < numCount; i++)
            {
                int rNumber = r.Next(0, 10);
                str += rNumber;
            }

            //创建 GDI 对象
            Bitmap bmp = new Bitmap(100, 40);
            Graphics g = Graphics.FromImage(bmp);

            for (int i = 0; i < numCount; i++)
            {
                Point p = new Point(i * 20 + 10, 0);
```

```
            string[] fonts = { "微软雅黑","宋体","黑体","仿宋","serif",
                               "sans-serif", "cursive", "fantasy",
                               "monospace" };
            Color[] colors = { Color.Red, Color.Orange, Color.Yellow,
            Color.Green,
                               Color.Blue, Color.Cyan, Color.Purple};
            g.DrawString( str[i].ToString(),
                          new Font(fonts[r.Next(0, fonts.Length)],
                          20, FontStyle.Bold),
                          new SolidBrush(colors[r.Next(0, colors.
                          Length)]), p);
        }

        for (int i = 0; i < 20; i++)
        {
            Point p1=new Point(r.Next(0,bmp.Width),r.Next(0,bmp.
            Height));
            Point p2=new Point(r.Next(0,bmp.Width),r.Next(0,bmp.
            Height));
            g.DrawLine(new Pen(Brushes.Green), p1, p2);
        }

        for (int i = 0; i < 400; i++)
        {
            Point p=new Point(r.Next(0,bmp.Width),r.Next(0,bmp.
            Height));
            bmp.SetPixel(p.X, p.Y, Color.Gray);
        }

        //将图片镶嵌到PictureBox中
        pictureBox1.Image = bmp;
    }
}
```

5. 自主练习

(1) 将第一个练习的柱状图绘制于 PictureBox 控件之上。

(2) 通过坐标变换将(1)的结果顺时针旋转 90°，并将坐标轴置于 PictureBox 的 (50,50)处。

实验 16 线性表的设计与应用

线性结构是计算机系统中常见的数据结构。线性表是其中最基本的结构，在实现方式上分为顺序线性表(简称为顺序表)和链式线性表(简称链表)两种。

实验目的：使用 C#语言设计顺序结构的线性表(简称顺序表，记作 SqList)类以及链式结构线性表(简称链表，记作 LinkList)类，并且能用顺序表和链表解决实际的问题。

相关实验：类的定义和使用。

实验内容：实现顺序表结构，实现有序表的合并；实现链表结构，使用链表完成合并链表、删除子表等功能。

1. 顺序表类的设计与实现

假设一个顺序表实例的逻辑结构如图 16-1 所示。顺序表的初始大小(InitSize)为 100，增量大小(Increment)为 10，表中目前共有 102 个元素(A_1, A_2, …, A_{102})，表长度(Length)即为 102。此时，顺序表已经历了一次扩容，目前的容量(ListSize)为 110，顺序表的基址(首地址)为 Elem。

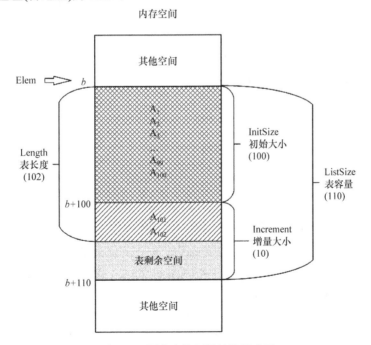

图 16-1 顺序表的逻辑结构示意图

程序示例 1 顺序表类。

```
using System;
namespace myList
{
    class SqList
    {
        //以下为顺序表的各个字段
        private const int MaxSize = 100;
        private const int Increment = 10;
        private object[] elements;              //顺序表的首地址
        private int length;                     //顺序表的长度，即表中元素的个数
        private int listSize;                   //顺序表的容量
        //以下为顺序表的公共属性，都是只读的
        public object[] Elements
        {
            get { return elements; }
        }

        public int Length
        {
            get { return length; }
        }

        public int ListSize
        {
            get { return listSize; }
        }
        //下面是顺序表的构造方法，用来生成一个空表
        public SqList()
        {
            elements = new object[MaxSize];
            length = 0;
            listSize = MaxSize;
        }
        //下面是顺序表的插入方法，其功能为在顺序表的 i 处插入一个元素 e
        public bool Insert(int i, object e)
        {
            if (i < 0 || i > length)            //判断插入位置的合法性
                return false;
            if (length == listSize)             //当顺序表的元素已满，为顺序表扩容
            {
```

实验 16 线性表的设计与应用

```csharp
            //另辟符合大小要求的空间
        object[] newElements = new object[listSize + Increment];
        Array.Copy(elements, newElements, this.length);
                            //将原有元素转移到新的空间
        elements = newElements;
                            //将新空间的地址赋予原地址
        listSize += Increment;
                            //更新顺序表的容量
    }
    for (int p = length - 1; p >= i; --p)//通过循环将顺序表中插入
                                         // 位置(i-1)之后的元素
        elements[p + 1] = elements[p];   // 依次后移一位
    elements[i] = e;                     //将元素值 e 插入正确位置
    ++length;                            //顺序表长度增加 1
    return true;
}
//下面是顺序表的删除方法,其功能为将顺序表中第 i 个元素删去
public bool Delete(int i)
{
    if (i < 1 || i > length)        //判断插入位置的合法性
        return false;
    int j = i - 1;                  //令 j 等于删除位置的下标
    for (; j < length - 1; j++)     //通过循环将删除位置之后的元素依次
                                    // 前移一位
        elements[j] = elements[j + 1];
    --length;       //顺序表长度减一
    return true;
}
//下面是顺序表的元素输出方法,其功能为将顺序表中所有元素通过一个字符串输出
public string Print()
{
    string s = "";
    for (int i = 0; i < length; i++)
    {
        if (i == 0)
            s += elements[i].ToString();
        else
            s += "," + elements[i];
    }
    return s;
}
```

}

2. 单链表类的设计与实现

单链表的结构是由一个嵌套类实现的,在链表类(LinkList)中嵌套一个结点类(Node),如图 16-2 所示。顺序表类,链表类在 C#工程中的关系如图 16-3 所示。

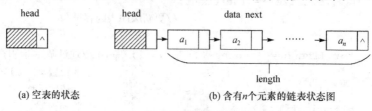

16-2　链表的逻辑结构示意图

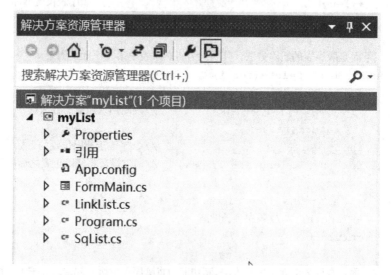

图 16-3　线性表应用的 C#工程结构图

(1) 结点类包括两个域,一个是 data 域即数据域,用来存放数据元素;另一个是 next 域称为链接域,用来存放其后继结点的引用。data 域为了通用性建议为 object 类型,如果链表只在某一特定领域内使用也可以定义其合适的类型。next 域的类型只能为 Node 类型。因为这两个域只在链表类中使用,所以可以通过共有字段来实现。

(2) 链表类中可以设计两个字段。一个为 head,称为头结点,类型为 Node,它是必要字段,作为访问所有结点的入口。它只在链表类内部使用,访问控制修饰符为 private。另一个字段为 length,称为表长度,类型为 int,它是辅助字段,用来表示链表中结点的个数,方便链表的操作。为了方便使用,可为 length 定义一个只读共有属性 Length。

(3) 一般情况下，链表的基本操作包含链表的构造方法 LinkList()，判断一个链表是否为空表的方法 isEmpty()，向链表的位置 *i* 处插入一个元素 *e* 的方法 Insert(int i, object e)，从链表的位置 *i* 处删除一个元素的方法 Delete(int i)，清空链表的方法 Clear()，输出链表元素的方法 Export()等。

程序示例 2 链表类。

```
using System;

namespace linklist
{
    class LinkList
    {
        //内嵌类 Node，用来表示链表的结点
        private class Node
        {
            public object data;      //结点类的数据域，用来存放链表结点数据
            public Node next;        //结点类的链接域，用来存放链表结点的后继结点
                                     //  的引用（地址）
            public Node()            //结点类的构造方法，无参数，直接生成空结点
            {
                this.data = null;
                this.next = null;
            }
            public Node(object DateValue) //结点类的重载构造方法，将参数直接
                                          //  生成结点的数据域
            {
                this.data = DateValue;    //为结点数据域赋值为参数 DateValue
                this.next = null;
            }
        }

        private Node head;           //链表的头结点，私有字段，只在类的内部使用，
                                     //  一般不存储实际数据
        private int length;          //链表长度，私有字段

        public int Length           //链表的只读属性，为程序员提供链表的长度
        {
            get { return length; }
        }

        public LinkList()           //链表的构造方法，用来生成一个空的链表对象
```

```
    {
        this.head = new Node();
        this.length = 0;
    }

    public bool Insert(int i, object e)        //链表中位置 i 处插入一个元素
                                               //  结点
    {
        Node p = this.head;                    //令 Node 变量 p 作为游标,将
                                               //  头结点赋值给 p
        int j = 0;                             //定义标志 j,用来辅助 p 定位
                                               //  到插入位置 i 的前驱结点
        while (p != null && j < i - 1)         //当 p 尚未到表尾,且 j 未移到
                                               //  插入位置 i 的前驱位置
        {
            p = p.next;                        //p 和 j 均后移一位
            j++;
        }
        if (p == null || j > i - 1)            //若 p 已到表尾,或 j 位于插入
                                               //  位置 i 的前驱之后,说明-
            return false;                      //未找到合法插入位置,则应返
                                               //  回 false 结束此方法
        Node q = new Node(e);                  //建立以 e 为 data 域的新结点 q
        q.next = p.next;                       //将 q 的 next 域指向 p 的 next 域
        p.next = q;                            //p 的 next 域指向 q,实现了 q
                                               //  插在 p 之后的操作
        this.length++;                         //更新链表的长度
        return true;
    }

    public bool Delete(int i)    //链表中位置 i 处删除一个元素结点
    {
        Node p = this.head;          //此方法同 Insert 类似,需要将游标变量 p
                                     //  定位于删除位置的前驱
        int j = 0;
        while (p != null && j < i - 1)
        {
            p = p.next;
            j++;
        }
        if (p == null || j > i - 1)//含义同 Insert 方法
```

```
            return false;
        Node q = p.next;              //令 q 等于 p 的后驱
        p.next = q.next;              //令 p 的 next 域等于 q 的 next 域，以
                                        达到删除 q 的效果
        this.length--;                //更新链表的长度
        return true;
    }

    public string Export()
    {
        string s = "";
        Node p = this.head.next;      //定义游标 p 在首元结点的位置
        while (p != null)             //当 p 尚未移动到表尾，执行循环，用 p
                                        访问到每一个结点
        {
            s += p.data.ToString();   //将当前结点的 data 域转为字符串添加
                                        到输出字符串 s 之中
            if (p.next != null)       //若 p 不是尾结点，向 s 中加入分隔符","
                s += ",";
            p = p.next;               //游标 p 后移一位
        }
        return s;                     //返回结果 s
    }
}
```

3. 线性表的应用

线性表的应用十分广泛。本书选择了有序表的合并，求得单链表中最大值，原地逆序单链表，删除有序表中某区间等经典实例。以上这些应用与线性表操作十分紧密，因此都可以作为线性表的基本操作。对于顺序表类或链表类而言，可以作为类的方法而存在。

(1) 有序表的合并。将两个非递减有序的线性表 la, lb 中的元素依次插入线性表 lc，保证 lc 仍然非递减有序。此应用在顺序表类和链表类中的实现稍有不同。下面为两个类中分别实现的代码。

程序示例 3　合并顺序表。

```
public void MergeList(SqList la, SqList lb)
{
    int i = 0, j = 0, k = 0;              //定义三个标志变量，分别表示 la,
                                            lb, lc (即 this), 初值均为 0
```

```
    while (i < la.Length && j < lb.Length)//当la、lb均未到表尾时，依次取
                                           得两表中较小的元素值插入lc中
    {
        if (Convert.ToDouble(la.Elements[i]) <= Convert.ToDouble(lb.
            Elements[j]))//比较la、lb当前元素
            this.Insert(k++, la.Elements[i++]); //la中当前元素较小，插入lc的相
                                                 应位置（注意++的用法）
        else
            this.Insert(k++, lb.Elements[j++]); //lb当前元素较小，插入lc
                                                 的相应位置
    }
    while (i < la.Length)               //若la还未取完，则依次将
                                         la剩余的元素插入lc中
        this.Insert(k++, la.Elements[i++]);
    while (j < lb.Length)               //若lb还未取完，则依次将
                                         lb剩余的元素插入lc中
        this.Insert(k++, lb.Elements[j++]);
}
```

程序示例4 合并链表。

```
public void MergeList(LinkList la, LinkList lb)
{
    Node pa, pb, pc;                    //建立三个游标，分别对应la,lb和lc
                                         (即this)
    pa = la.head.next;                  //pa初值为la的首元结点
    pb = lb.head.next;                  //pb初值为lb的首元结点
    pc = this.head;                     //pc为lc的头结点
    while (pa != null && pb != null)    //当pa和pb均未到达表尾时，依次取得
                                         两表中较小的结点插入lc之后
    {
        if (Convert.ToDouble(pa.data) < Convert.ToDouble(pb.data))
                                        //通过比较pa与pb的data域，
                                        //得到较小的结点
        {
            pc.next = pa;               //若pa所指结点较小，将其连接到pc之后
            pc = pa;                    //pc后移
            pa = pa.next;               //pa后移
        }
        else
        {
            pc.next = pb;               //若pb所指结点较小，将其连接到pc之后
            pc = pb;                    //pc后移
```

```
            pb = pb.next;                    //pb 后移
        }
    }
    pc.next = (pa != null) ? pa : pb; //将非空的链表的剩余部分链接到 pc 之后
}
```

(2) 求单链表中的最大值。要找出单链表中的最大值，需要建立一个游标变量 p，访问到所有的结点才能找出结果。可以在算法中定义一个变量 max 用来存储最大值，将链表的首元结点的 data 域赋值给 max，游标 p 从首元结点的后继开始遍历。

程序示例 5　求链表元素最大值。

```
public object GetMax()
{
    object max = null;   //max 是用来存放最大值的变量
    Node p = this.head.next;
    max = p.data;
    while (p.next != null)
    {
        if (Convert.ToDecimal(p.next.data) > Convert.ToDecimal(max))
            max = p.next.data;
        p = p.next;
    }
    return max;
}
```

(3) 原地逆序单链表。顾名思义，原地逆序就是不开辟新的存储空间，将单链表的每个结点链接域反向赋值。要完成此操作，需要定义 3 个 Node 变量。一个结点要把其链接域重新赋值，肯定会失去与原来后继结点的联系，从而将原链表分为 2 个部分(图 16-4)。不妨将这两个表分别称为新表和旧表，两个表各有一个 Node 变量指示其首元结点，分别是 p_new 和 p_old。另外，改变链接还需要一个 Node 的变量 q。

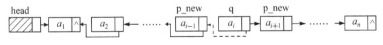

图 16-4　单链表就地逆序的工作状态示意图

程序示例 6　原地逆序链表。

```
public void Reverse()
{
    if (this.length > 1)              //链表长度大于1时，逆序链表
    {
```

```
    Node p_new = head.next;      //令 p_new 等于首元结点,用作新表的游标指
                                    针,不断指向新表的首元结点
    Node p_old = p_new.next;     //令 p_old 等于首元结点的后继,用作旧表的游
                                    标,不断指向旧表的首元结点
    Node q;                      //定义结点指针变量,用作逆序赋值变量
    p_new.next = null;           //将首元结点的 next 赋值为空,为新表表尾,
                                    此时旧表变为两部分
    while (p_old != null)        //若 p_old 不为空,即旧表游标没有移动到表尾
    {
        q = p_old;               //q 等于旧表游标所指结点,即旧表目前第一个结点
        p_old = p_old.next;      //旧表游标后移
        q.next = p_new;          //q 的 next 指向新表首元结点,此时 q 就变成了
                                    新表的首元结点
        p_new = q;               //新表游标等于 q,变成新表的首元结点
    }
    head.next = p_new;           //旧表游标 p_old 为空跳出循环,p_new 和 q 指
                                    向新表的首元结点,因此-
                                 //将 head 的 next 指向 p_new
 }
}
```

(4) 有序链表中删除一个区间。要求输入两个数 mink 和 maxk,然后在有序链表中删除数值大于等于 mink 并小于等于 maxk 的结点。假设初始链表已经排列好,本书提供两种解决方案。第一种方案(DeleteSubList1)采用了逐一比较链表结点,如在区间[mink,maxk]中,则删掉该结点,否则保留。第二种方案(DeleteSubList2),是通过将两个游标 q1 和 q2 分别安置于链表中小于 mink 的最后一个结点处以及大于等于 maxk 的第一个结点处,然后使 q1 直接链接到 q2 的后继。

程序示例 7 删除链表段。

```
public void DeleteSubList1(object mink, object maxk)
{                                      //方案一
    if (this.length > 0)
    {
        decimal k1=Convert.ToDecimal(mink);
        decimal k2=Convert.ToDecimal(maxk);
        int index=1;                   //index 为跟随游标 p 的当前结点的索引
        Node p = head.next;            //令游标变量 p 指向首元结点
        while (p != null)
        {
            if (Convert.ToDecimal(p.data) >= k1 && Convert.ToDecimal(p.
            data) <= k2)
            {
```

```csharp
                p = p.next;              //若p所指结点的值在[mink,maxk]区间，
                                         则p后移
                this.Delete(index);      //删除index位置的结点
            }
            else
            {
                p = p.next;              //若p所指结点的值不在[mink,maxk]区间，
                                         则p后移，index后移
                index++;
            }
        }
    }
}

public void DeleteSubList2(object mink, object maxk)
{                                        //方案二
    if (this.length > 0)
    {
        decimal k1 = Convert.ToDecimal(mink);
        decimal k2 = Convert.ToDecimal(maxk);
        Node p = head;            //定义游标p，用来遍历链表
        Node q1 = head;           //定义标志变量q1，q2，用以安置于合适的位置
        Node q2 = head;
        while (p.next != null)
        {
            if (Convert.ToDecimal(p.next.data) < k1)
            {
                p = p.next;       //若p所指结点的值小于k1，p带着q1、q2同时后移
                q1 = q1.next;
                q2 = q2.next;
            }
            else if (Convert.ToDecimal(p.next.data) <= k2)
            {
                p = p.next;       //若p所指结点的值大于等于k1且小于k2，则p
                                  仅带着q2后移
                q2 = q2.next;
            }
            else
                break;            //若p所指结点的值大于k2，游标p及q2均停止后
                                  移，跳出循环
        }
```

```
            q1.next = q2.next;        //删除区间
    }
}
```

对于较长的链表，显然方案二效率更高。

4. 自主练习

(1) 在前面顺序表实现的基础上，增加求最大、最小值和删除子表的功能。

(2) 利用链表结构实现字符串，要求每个结点只存储一个字符。

实验 17 栈的设计与应用

栈(stack)是一种特殊的线性表,仅在表的一端进行插入或删除操作。能够进行插入和删除操作的一端称为栈顶(top),另一端称为栈底(bottom)。在栈结构中,插入元素的操作叫作压栈或入栈,删除元素的操作叫作弹栈或出栈。栈底元素增减特点是"后进先出"。利用栈的这个特点能够解决很多应用问题。

实验目的:能够用 C#语言设计链式结构的栈(简称链栈,记作 LinkStack)类,包括入栈(push)、弹栈(pop)等基本操作,并且能用链栈解决实际问题。

相关实验:链表的定义和使用。

实验内容:实现链栈的设计;用链栈实现进制转换;实现迷宫游戏。

1. 链栈的设计与实现

图 17-1 表示的是链栈的两种状态。(a)表示空栈的情况,该情况与链表类似,需要一个 data 域不存放任何有效元素的结点。在链表中此结点称为头结点,用 head 表示,在链栈中可以称为栈顶结点,用 top 表示。在空栈时,bottom 也赋值为栈顶结点,或者说,当栈空时 top 等于 bottom。(b)表示栈的一般情况。这时 bottom 不再和 top 在一起,而是在栈底元素上,这样,在进行压栈和弹栈操作时,就可以在 top 端进行了。

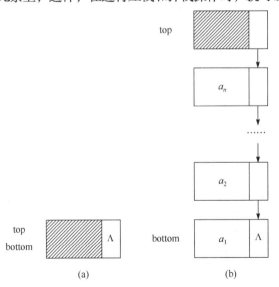

图 17-1 栈的逻辑结构示意图

程序示例 1 链栈类。

```
namespace myStack
{
class Stack
```

```csharp
{
    private Node top;                              //栈顶标志
    private Node bottom;                           //栈底标志
    public Stack()                                 //栈的构造函数, 实例化一个空栈
    {
        this.top = new Node();
        bottom = top;
    }
    public void Push(object e)                     //压栈, 即向栈中加入一个元素
    {
        Node p = new Node(e);
        p.next = top.next;
        top.next = p;
        if (bottom == top)
            bottom = p;
    }
    public object Pop()                            //弹栈, 即从栈顶取出一个元素
    {
        if (top == bottom)
            return null;
        Node p = top.next;
        if (top.next == bottom)
            bottom = top;
        top.next = p.next;
        return p.data;
    }
    public bool isEmpty()                          //判断栈是否为空
    {
        bool r = false;
        if (top == bottom)
            r = true;
        return r;
    }
    public string Export()                         //导出栈中所有元素
    {
        string s = "";
        Node p = top.next;
        while (p != null)
        {
            if (p != top.next)
                s += ",";
            s += p.data.ToString();
            p = p.next;
        }
```

```
            return s;
    }
    public int Length()                    //求栈中元素的个数
    {
        int count = 0;
        Node p = top.next;
        while (p != null)
        {
            count++;
            p = p.next;
        }
        return count;
    }
    class Node                             //结点类的定义部分，同链表
                                           （LinkList）中 Node 的定义
    {
        public object data;
        public Node next;

        public Node()
        {
            data = null;
            next = null;
        }

        public Node(object e)
        {
            data = e;
            next = null;
        }
    }
  }
}
```

2. 链栈的应用

1) 十进制数转换为八进制数

将一个十进制数 n 转换为八进制数，需要以下操作。

(1) 需要将待转换的十进制数 n 除以 8，得到其整数商 m 以及余数 s。

(2) 将 s 保存(本例中是将 s 压栈)，然后用 m 替换 n，重复(1)，直到最后商为 0。把所有余数取出来，倒序输出即为八进制数，如表 17-1 所示。

表 17-1 十进制数 1348 转为八进制的过程

n	n/8	n%8
1348	168	4
168	21	0
21	2	5
2	0	2

程序示例 2

```
//以下为 10 进制数转 8 进制数的函数
private string DecimalToOctal(int n)
{
    string str = "";
    Stack s = new Stack();
    while (n > 0)                  //若n大于0,则对n进行对8取余数和除8计算
    {
        s.Push(n % 8);             //将n除8的余数压栈
        n = n / 8;                 //将n变为除8的整数商
    }
    while (!s.isEmpty())
        str += s.Pop().ToString();//依次将余数弹出并连接,则为8进制数结果
    return str;
}
```

2) 迷宫游戏

迷宫游戏是一款经典的游戏。该游戏需借助一个栈,由入口开始,边测试边将路线压入栈中,直至出口网格位置——迷宫的解(图 17-2)。

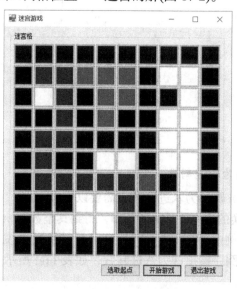

图 17-2 迷宫游戏的执行状况

程序示例 3　迷宫游戏。

```csharp
using System;
using System.Drawing;
using System.Windows.Forms;

namespace Maze
{
    public partial class FormMain : Form
    {
        private const int RowsColumnsCount = 10;        //迷宫格的行列数，用来
                                                        //控制游戏迷宫的大小
        private string startLocation;                   //开始位置
        private Button[,] btns;                         //按钮二维数组，用来实
                                                        //现每个迷宫格

        private int[,] MazeValue = new int[RowsColumnsCount,
        RowsColumnsCount];   //用来初始化迷宫状态
                                    //二维数组,1代表黑色的墙,0代表可走的位置
        public FormMain()
        {
            InitializeComponent();
            startLocation = "";
            btns = new Button[RowsColumnsCount, RowsColumnsCount];
        }

        private void FormMain_Load(object sender, EventArgs e)
        {
            SetMartrix();           //设置迷宫的控制矩阵
            CreatMaze();            //创建迷宫
        }

        private void SetMartrix()           //利用随机变量设置迷宫的控制矩阵
        {
            int seed = DateTime.Now.Millisecond;
            Random r = new Random(++seed);
            Random c = new Random(++seed);
            int n=(RowsColumnsCount-2)*(RowsColumnsCount-2)/2;
            for (int i = 0; i < RowsColumnsCount; i++)
                for (int j = 0; j < RowsColumnsCount; j++)
                {
                    if (i == 0 || i == RowsColumnsCount - 1 || j == 0 || j ==
            RowsColumnsCount - 1)
```

```csharp
            MazeValue[i, j] = 1;
        else if ((i == 1 && j == 1) || i == RowsColumnsCount -
            2 && j == RowsColumnsCount - 2)
            MazeValue[i, j] = 0;
    }
    for (int i = 0; i < n; i++)
    {
        int a=r.Next(1,RowsColumnsCount-2);
        int b=r.Next(1,RowsColumnsCount-2);
        while (a == 1 && b == 1 || a == RowsColumnsCount - 2 && b ==
        RowsColumnsCount - 2)
        {
            a = r.Next(1, RowsColumnsCount - 2);
            b = r.Next(1, RowsColumnsCount - 2);
        }
        MazeValue[a, b] = 1;
    }
}

private void CreatMaze()                    //创建迷宫
{
    int width = pictureBox1.Width / RowsColumnsCount;
    for (int i = 0; i < RowsColumnsCount; i++)
    {
        for (int j = 0; j < RowsColumnsCount; j++)
        {
            btns[i, j] = new Button();        //每一个按钮都要进行实例化
            btns[i, j].Location = new System.Drawing.Point(width *
            j, width * i);
            btns[i, j].Width = width;
            btns[i, j].Height = width;
            btns[i, j].Name = i.ToString() + "," + j.ToString();
                            //行列号为按钮（迷宫格）名称
            if (MazeValue[i, j] == 1)    //根据初始化矩阵 v，来指定按
                                          钮的背景色以及是否有效
            {
                btns[i, j].BackColor = Color.Black;
                btns[i, j].Enabled = false;
            }
            else
                btns[i, j].BackColor = Color.White;
```

```csharp
            this.pictureBox1.Controls.Add(btns[i, j]);
                              //向其宿主控件集合中添加此按钮
        }
    }
}

private void btnExit_Click(object sender, EventArgs e)
{
    Application.Exit();
}

private void btnSelect_Click(object sender, EventArgs e)
                              //"选取起点"的事件响应方法，用来初始化迷
{                             //宫构造，以及为空白迷宫格添加
                              鼠标式样和单击事件响应方法
    if (startLocation != "")
        CreatMaze();
    foreach (Button b in btns)
    {
        b.Cursor = Cursors.Hand;
        b.Click += new EventHandler(CellClick);
    }
}

private void CellClick(object sender, EventArgs e)
                              //空白迷宫格单击事件响应方法
{
    foreach (Button b in btns)
    {
        if (b.Capture)        //被选中的迷宫格设置为红色，并且
                              将其位置赋予startLocation
        {
            b.BackColor = Color.Red;
            startLocation = b.Name;
        }
        else if (b.Enabled)   //其余迷宫格设为白色
            b.BackColor = Color.White;
    }
}

private bool Pass(Button B)
```

```csharp
    {
        bool v = false;                          //判断当前迷宫格是否可通过
        if (B.BackColor != Color.Black && B.BackColor!=Color.Gray)
            v = true;
        return v;
    }

    private bool NoWay(string location)//判断当前位置是否无路可走
    {
        bool v = true;
        int Row, Column;
        Row = Convert.ToInt32(location.Split(',')[0]);
        Column = Convert.ToInt32(location.Split(',')[1]);
        if (btns[Row + 1, Column].BackColor != Color.Gray && btns[Row
         + 1, Column].BackColor != Color.Black)
            v = false;                           //向南有路
        if (btns[Row - 1, Column].BackColor != Color.Gray && btns[Row
         - 1, Column].BackColor != Color.Black)
            v = false;                           //向北有路
        if (btns[Row, Column+ 1].BackColor != Color.Gray && btns[Row,
         Column+ 1].BackColor != Color.Black)
            v = false;                           //向东有路
        if (btns[Row, Column - 1].BackColor != Color.Gray && btns[Row,
         Column - 1].BackColor != Color.Black)
            v = false;                           //向西有路
        return v;
    }

    private string FindWay(string location)  //寻找出路
    {
        string s = "";
        int Row, Column;
        Row = Convert.ToInt32(location.Split(',')[0]);
        Column = Convert.ToInt32(location.Split(',')[1]);
        if (Pass(btns[Row, Column + 1]))
        {
            s = Row.ToString() + "," + (Column + 1).ToString();
            return s;                            //若向东有路，则返
                                                 //  回东邻的位置
        }
        if (Pass(btns[Row + 1, Column]))
```

```csharp
        {
            s = (Row + 1).ToString() + "," + Column.ToString();
            return s;                           //若向南有路，则返
                                                //  回南邻的位置
        }
        if (Pass(btns[Row, Column - 1]))
        {
            s = Row.ToString() + "," + (Column - 1).ToString();
            return s;                           //若向西有路，则返
                                                //  回西邻的位置
        }
        if (Pass(btns[Row - 1, Column]))
        {
            s = (Row - 1).ToString() + "," + Column.ToString();
            return s;                           //若向北有路，则返
                                                //  回北邻的位置
        }
        return s;
    }

    private void SetColor(string location)      //为迷宫通路上的位
                                                //  置设置红色
    {
        int Row, Column;
        Row = Convert.ToInt32(location.Split(',')[0]);
        Column = Convert.ToInt32(location.Split(',')[1]);
        btns[Row, Column].BackColor = Color.Red;
    }

    private void btnStart_Click(object sender, EventArgs e)
    {
        Stack s=new Stack();
        if (startLocation != "")                //只有设置了游戏起
                                                //  点才进行运算
        {
            int Row, Column;                    //提取起始位置的
                                                //  行列值
            Row = Convert.ToInt32(startLocation.Split(',')[0]);
            Column = Convert.ToInt32(startLocation.Split(',')[1]);
            do
            {
```

```csharp
if (Pass(btns[Row,Column]))                 //若当前位置可通过
{
    s.Push(Row.ToString() + "," + Column.ToString());
                                            //将当前位置压栈
    if (Row == RowsColumnsCount - 2 && Column ==
    RowsColumnsCount - 2)    //若当前为终点,
    {                        //则将当前位置设为红色,并跳出循环
        btns[Row, Column].BackColor = Color.Red;
        break;
    }
    else                     //否则将其设为灰色,若其东邻可通
                             //过,则向东走一步(column++)
    {
        btns[Row, Column].BackColor = Color.Gray;
        if(Pass(btns[Row, Column+1]))
            Column++;
    }
}
else   //当前位置不可通过
{
    string location=Row.ToString()+","+Column.ToString();
    if (!s.Empty() && !NoWay(location))
            //若栈不空(迷宫有解),并且当前位置有路尚可通过,则按
    {       //规定方向次序取得新的通路位置
        Row = Convert.ToInt32(FindWay(location).
        Split(',')[0]);
        Column = Convert.ToInt32(FindWay(location).
        Split(',')[1]);
    }
    if (!s.Empty() && NoWay(location))
                //若栈不空(迷宫有解)并且当前位置无路可走
    {
        s.Pop();        //则弹出旧位置(无路可走的这个位置)
        if (!s.Empty())
        {
            Row = Convert.ToInt32(s.Top.Next.Data.
            ToString().Split(',')[0]);  //将新栈顶取出
            Column = Convert.ToInt32(s.Top.Next.Data.
            ToString().Split(',')[1]);
        }
        else
```

```
                    {
                        MessageBox.Show("此位置没有出路! ");
                    }
                }
            }
        } while (!s.Empty());

        while (!s.Empty())   //若最后栈不空，说明找到了通路，依次弹出，
                             //设置为红色
        {
            SetColor(s.Pop().ToString());
        }
    }
}
```

3. 自主练习

用栈结构实现求阶乘计算。

实验 18 队列的设计与应用

队列结构是删除元素规定在头部(即队头,记作 front)进行,而插入操作在尾部(即队尾,记作 rear)进行,这样就达到了能满足先入先出的应用需求。

实验目的: 本实验要求能够完成 C#语言表示的链式队列结构(称为链队列,本实验没有涉及顺序队列,故实验中将链队列简称为队列,记作 Queue)类。能使用队列解决实际的应用问题。

相关实验: 栈的定义和使用。

实验内容: 实现链式队列结构,使用队列模拟舞伴问题。

1. 队列类的设计与实现

一般队列的逻辑结构如图 18-1 所示。同栈的逻辑结构类似,(a)表示空队列的情况,(b)表示队列的一般情况。不同之处在于,入队列的操作在 rear 一端,出队列的操作在 front 一端。

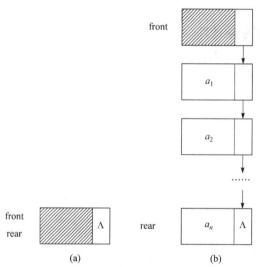

图 18-1 队列的逻辑结构示意图

程序示例 1 链队列。

```
namespace MyQueue
{
    class Queue
    {
        private Node front;        //队头标志
        private Node rear;         //队尾标志
```

```csharp
public Queue()                    //队列构造函数，建立一个空队列
{
    front = new Node();
    rear = front;
}

public void EnQueue(object e)     //元素e的入队列操作
{
    Node p = new Node(e);
    rear.next = p;
    rear = p;
}

public object DeQueue()           //元素出队列操作
{
    if (front == rear)
        return null;
    Node p = front.next;
    front.next = p.next;
    if (rear == p)
        rear = front;
    return p.data;
}

public int Length()               //求队列长度，即元素个数的操作
{
    int count = 0;
    Node p = front.next;
    while (p != null)
    {
        count++;
        p = p.next;
    }
    return count;
}

public bool isEmpty()             //判断队列是否为空队列
{
    if (front == rear)
        return true;
```

```csharp
        else
            return false;
}

public string Export()          //队列元素输出
{
    string s = "";
    Node p = front.next;
    while (p != null)
    {
        if(p!=front.next)
            s+=",";
        s += p.data.ToString();
        p = p.next;
    }
    return s;
}

public string[] ToStringArray()          //将队列转换为字符串数组
{
    if (this.isEmpty())
        return null;
    else
    {
        int length = this.Length();
        string[] s = new string[length];
        Node p = front.next;
        for (int i = 0; i < length; i++)
        {
            s[i] = p.data.ToString();
            p = p.next;
        }
        return s;
    }
}

class Node          //队列结点类
{
    public object data;
    public Node next;
    public Node()
```

```
            {
                data = null;
                next = null;
            }
            public Node(object dataValue)
            {
                data = dataValue;
                next = null;
            }
        }
    }
}
```

2. 队列的应用

队列的应用十分广泛，几乎所有以"先到先得"为特点的应用都适用队列。例如，共享打印机服务应用中打印任务的管理问题，再如铁路购票系统，等等。

本案例是舞伴问题。对于舞伴配对问题，先入队的男士或女士先出队配成舞伴，因此设置两个队列分别存放男士和女士入队者。假设男士和女士的记录事先存放于一个数组或控件中作为输入，然后依次扫描该数组的各元素，并根据性别决定进入男队还是女队(图 18-2)。当这两个队列构造完成之后(图 18-3)，依次将两队当前队头元素出队来配成舞伴，直至某队变空为止(图 18-4)。此时若另一队仍有等待配对者，则此队的队头是下一轮舞曲开始时第一个可获得舞伴的人(图 18-5～图 18-7)。

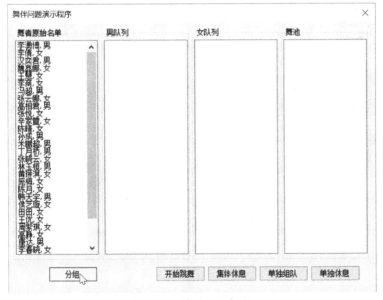

图 18-2 待分组的舞者

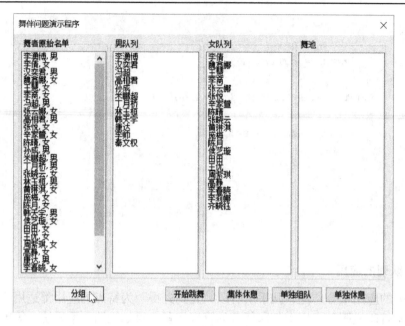

图 18-3 已分好组的舞者

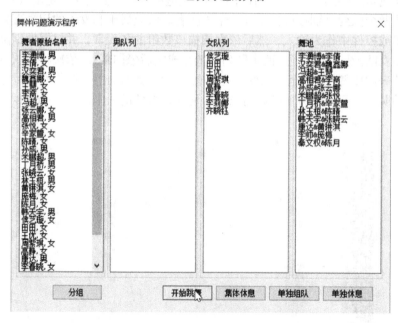

图 18-4 男队为空的状态

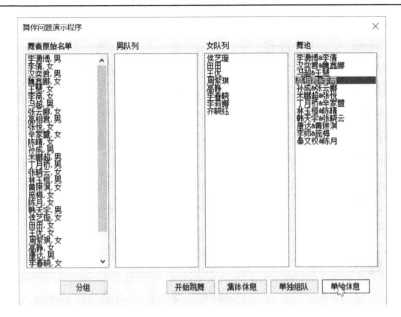

图 18-5 舞池中有舞者需要休息

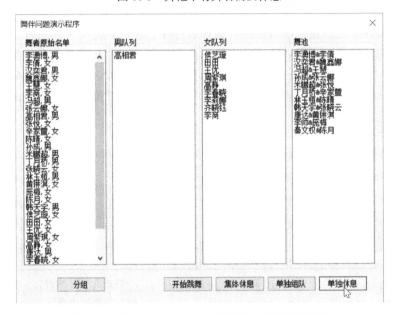

图 18-6 休息舞者分别在等待队列中等待新的配对

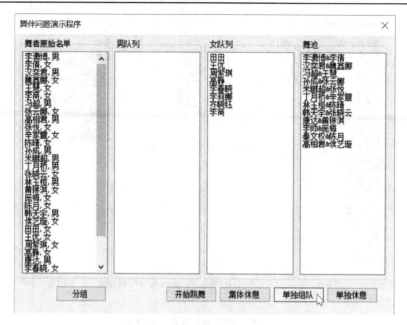

图 18-7 男女队中各排第一的舞者配对开始跳舞

队列类建立之后就可以着手编写模拟程序了。①先创建 4 个列表框,分别用作存放舞者初始名单,男舞者队列,女舞者队列和舞池,存放的是前台数据。②建立两个队列 Mdancers, Fdancers 分别作为男舞者队列和女舞者队列。③然后建立一个链表 onDancing 用来存放正在跳舞的舞者信息。④通过功能按钮的响应函数实现案例各项功能。

程序示例 2

```
using System;
using System.Windows.Forms;

namespace MyQueue
{
    public partial class Form1 : Form
    {
        private Queue Mdancers, Fdancers;      //分别存放男舞者和女舞者的队列
        private LinkList onDancing;             //存放舞池中舞者的单链表,这三
                                                  个都是后台数据
        public Form1()
        {
            InitializeComponent();
            Mdancers = new Queue();            //实例化队列
            Fdancers = new Queue();            //实例化队列
            onDancing = new LinkList();
```

```
        listBoxDancing.SelectionMode = SelectionMode.One;
                                //将表示舞池的列表框设为单选模式
    }

    private void buttonGroupBySex_Click(object sender, EventArgs e)
                                //舞者按性别分组
    {
        string name="";
        string sex="";
        foreach (object person in listBoxNameList.Items)
        {       //将舞者初识名单项分离,用','号隔开
            name=person.ToString().Split(',')[0];
            sex=person.ToString().Split(',')[1];
            if (sex == "男")
                Mdancers.EnQueue(name);    //若为男性则进入男舞者队列
            else
                Fdancers.EnQueue(name);    //若为女性则进入女舞者队列
        }
        UpdateListBox(listBoxMaleDancers, Mdancers);       //更新男舞者
                                                            列表框
        UpdateListBox(listBoxFemaleDancers, Fdancers);     //更新女舞者
                                                            列表框
    }

    private void UpdateListBox(ListBox lb, Queue queue)
    //根据队列内容更新列表框
    {
        lb.Items.Clear();                              //清空列表框原
                                                        有内容

        int length = queue.Length();
        string[] s = queue.ToStringArray();            //将队列元素转换
                                                        为字符串数组

        for (int i = 0; i < length; i++)
            lb.Items.Add(s[i]);
    }

    private void UpdateListBox(ListBox lb, LinkList linklist)
                                //根据单链表内容更新列表框
    {
        lb.Items.Clear();                              //清空列表框原有内容
        int length = linklist.Length;
```

```csharp
        string[] s = linklist.ToStringArray();      //将链表元素转换
                                                    //为字符串数组
    for (int i = 0; i < length; i++)
        lb.Items.Add(s[i]);
}

private void buttonBeginDancing_Click(object sender, EventArgs e)
{                              //按男女队列次序配对,开始进入舞池,
                               //直到某一队列为空
    int i=0;
    while (!Mdancers.isEmpty() && !Fdancers.isEmpty())
    {
        string MdancerName = Mdancers.DeQueue().ToString();
        string FdancerName = Fdancers.DeQueue().ToString();
        onDancing.Insert(++i, MdancerName + "&" + FdancerName);
    }
    UpdateListBox(listBoxMaleDancers, Mdancers);//后台数据变化后,
                                                //更新前台数据
    UpdateListBox(listBoxFemaleDancers, Fdancers);
    UpdateListBox(listBoxDancing, onDancing);
}

private void buttonAllStopDancing_Click(object sender,EventArgs e)
{                              //舞池中舞者集体休息,按性别分别进
                               //入各自队列
    string[] Partners;
    while (!onDancing.isEmpty())
    {
        Partners = onDancing.Delete(1).ToString().Split('&');
        Mdancers.EnQueue(Partners[0]);
        Fdancers.EnQueue(Partners[1]);
    }
    UpdateListBox(listBoxMaleDancers, Mdancers);
    UpdateListBox(listBoxFemaleDancers, Fdancers);
    UpdateListBox(listBoxDancing, onDancing);
}

private void buttonBegingDancingByOne_Click(object sender, EventArgs e)
{                              //将男女队列中各排第一的舞者单独组队进入舞池
    if (!Mdancers.isEmpty() && !Fdancers.isEmpty())
```

```csharp
        {
            string MdancerName = Mdancers.DeQueue().ToString();
            string FdancerName = Fdancers.DeQueue().ToString();
            onDancing.Insert(onDancing.Length + 1, MdancerName + "&"+
            FdancerName);
        }
        UpdateListBox(listBoxMaleDancers, Mdancers);
        UpdateListBox(listBoxFemaleDancers, Fdancers);
        UpdateListBox(listBoxDancing, onDancing);
    }

    private void buttonStopDancingByOne_Click(object sender,
    EventArgs e)
    {                                    //舞池中选中的一对单独进入休息状态
        if (listBoxDancing.SelectedItems.Count > 0)
        {
            int selectedIndex = listBoxDancing.SelectedIndex + 1;
            string[] Partners = onDancing.Delete(selectedIndex).
            ToString().Split('&');
            Mdancers.EnQueue(Partners[0]);
            Fdancers.EnQueue(Partners[1]);
            UpdateListBox(listBoxMaleDancers, Mdancers);
            UpdateListBox(listBoxFemaleDancers, Fdancers);
            UpdateListBox(listBoxDancing, onDancing);
        }
        else
            MessageBox.Show("请先选中要休息的舞者！");
    }
}
```

3. 自主练习

使用队列模拟餐馆点餐系统的运行。比如有 n 名厨师，分别负责 m 个菜品，并且每名厨师负责菜品各不相同。饭店里共有 t 个餐桌，顾客点餐后，有个大屏幕能看到自己餐桌点的菜品被分配给了哪名厨师，该厨师共负责哪些菜品，次序如何，等等。

实验 19 简单矢量图形设计与应用

几何对象矢量结构是 GIS 系统中常用的数据结构。矢量结构简单，数据量小，便于处理和计算。本实验与实验 20 和实验 21 共同完成一个简单绘图系统。

实验目的：使用 C#语言设计一个简单的图形系统，包括点符号、多段线、多边形三类几何对象，实现使用鼠标绘制不同样式的此三种图形。

相关实验：矢量线的裁剪、矢量多边形的裁剪和填充。

实验内容：分别实现点、线和面要素类，并采用合适的线性结构存储点、线和面对象；能控制生成点、线和面要素的简单样式。

1. 点符号类的设计与实现

点符号是常用的几何要素，尤其是在地图领域。可以用不同颜色(color)、大小(size)或形状(shape)的点状符号表示城市等点状地理要素。另外，点符号最核心的性质就是它的位置(location)。假设点符号位置一旦确定就不能更改，可以为它设计一个只读的位置属性。点符号的形状可以用枚举类型定义。

程序示例 1 点符号类。

```csharp
using System.Drawing;

namespace SimpleGraphics
{
    enum SymbolShape { circle, square, rhombus };//定义符号形状的枚举类型：
                                                   圆形，方形，菱形
    class Symbol
    {
        private  Point location;     //点符号位置字段,Point 类型
        private  int size;           //点符号大小字段
        private  SymbolShape shape;  //点符号形状字段
        private  Color color;        //点符号颜色字段

        public Point Location        //点符号位置的公有属性，只读
        {
            get { return location; }
        }
        public int Size              //点符号大小的公有属性，可读写
        {
            get { return size; }
            set { size = value; }
        }
```

```
        public SymbolShape Shape      //点符号形状的公有属性，可读写
        {
            get { return shape; }
            set { shape = value; }
        }
        public Color SymbolColor      //点符号颜色的公有属性，可读写
        {
            get { return color; }
            set { color = value; }
        }
        //下面是点符号构造函数
        public Symbol(Point sLocation, int sSize, SymbolShape sShape,
        Color sColor)
        {
            location = sLocation;
            size = sSize;
            shape = sShape;
            color = sColor;
        }
    }
}
```

2. 折线类的设计与实现

折线(图 19-1)中关键的空间几何特性是折线的顶点及其排列顺序，即其顶点序列(vertexes, P_1、P_2、P_3、P_4、P_5)用点数组来表示(Point[])，其拓扑关系隐含其中，为此定义了 vertexes 字段，用来存放折线的顶点信息。折线类的其他字段都是用来描述折线的外观样式的，包括线宽(width)、线型(style)、线型模式(pattern)、线颜色(color)，等等。width 用整型值表示；style 是 GDI+(微软公司的图形设备接口加强版，属于.Net Framework 框架)中的 DashStyle 类型，是固化的枚举类型，具体请参考 GDI+相关文档；pattern 是用来控制自定义虚线(customline)中短线和空闲大小的浮点数组(float[])，通常是两个数值，若线型为实线则无须设置 pattern；color 的类型也是 GDI+中的类型，称为 Color，同样是枚举类型。

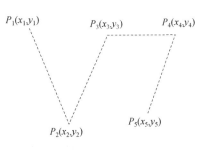

图 19-1 折线示意图

折线类的实现示例代码如下。

程序示例 2 折线类。

```csharp
using System.Drawing;
using System.Drawing.Drawing2D;

namespace SimpleGraphics
{   //下面是自定义的线型枚举类型,请注意同 GDI+中 DashStyle 的区别
    enum PenStyle {dashline,dotline,solidline,customline};
    class PolyLine
    {
        private Point[] vertexes;
        private float width;
        private DashStyle style;
        private float[] pattern;
        private Color color;

        public Point[] Vertexes        //只读公有属性,表示折线顶点序列
        {
            get { return vertexes; }
        }

        public Pen PenStyle
        {   //只读公有属性,将线样式中的 color,width,style,pattern 整合为 PenStyle
            get
            {
                Pen p = new Pen(color, width);
                p.DashStyle = style;
                p.DashPattern = pattern;
                return p;
            }
        }

        public PolyLine(Point[] Vertexes, Pen PenStyle)
        {   //折线的构造函数,请注意线样式的分解
            vertexes = Vertexes;
            style = PenStyle.DashStyle;
            pattern = PenStyle.DashPattern;
            width = PenStyle.Width;
            color = PenStyle.Color;
        }
    }
}
```

3. 多边形类的设计与实现

多边形与折线的几何特性类似，由一个 Point[]类型的顶点序列组成，只不过在可视化时需要封闭图形，即顶点首尾相接，而在存储时并不需要特殊处理。多边形的边线(outline)同折线类似，也由四个分量构成其样式，即线型、线模式、线宽和线颜色。多边形还包括一个独有的填充颜色(color)的特性。

程序示例 3　多边形类。

```
using System.Drawing;
using System.Drawing.Drawing2D;

namespace SimpleGraphics
{
    class Polygon
    {
        private Point[] vertexes;           //顶点序列数组
        private DashStyle outLineStyle;     //边线线型，同折线
        private float[] outLinePattern;     //边线自定义虚线模式
        private float outLineWidth;         //边线线宽
        private Color outLineColor;         //边线颜色
        private Color color;                //多边形颜色

        public Point[] Vertexes             //只读公有属性，表示多边形顶点序列
        {
            get { return vertexes; }
        }

        public Pen ol_style                 //只读公有属性，表示整合的边线样式
        {
            get
            {
                Pen p = new Pen(outLineColor, outLineWidth);
                p.DashStyle = outLineStyle;
                p.DashPattern = outLinePattern;
                return p;
            }
        }

        public Color r_color                //可读写公有属性，多边形颜色
        {
            get { return color; }
            set { color = value; }
```

```
    }
    public Polygon(Point[] Vtxs, Pen olStyle, Color rColor)
                                       //多边形的构造函数
    {
        vertexes = Vtxs;
        outLineStyle = olStyle.DashStyle;
        outLinePattern = olStyle.DashPattern;
        outLineWidth = olStyle.Width;
        outLineColor = olStyle.Color;
        color = rColor;
    }
}
```

4. 点、线、面简单绘图系统的实现

点符号、折线和多边形等几何要素类定义完成后，需要设计其他部分实现图形的可视化。程序工程结构如图 19-2 所示。代码文件有：

(1) Program.cs，工程的入口函数 Main()所在的类 Program 文件，建立工程时由平台自动生成。

图 19-2　简单图形系统工程结构图

(2) FormMain.cs，工程主窗体文件，图形显示的主窗体，在工程建立时由平台生成。后期程序员可对其属性以及代码进行修改和扩充。

(3) Symbol.cs，自定义的点符号类文件。

(4) Polyline.cs，自定义的折线类文件。

(5) Polygon.cs，自定义的多边形类文件。

(6) FormSymbol.cs，自定义的点符号样式设置窗体。

(7) FormPolyline.cs，自定义的折线样式设置窗体。

(8) FormPolygon.cs，自定义的多边形样式设置窗体。

(9) clipLines.cs，折线裁剪功能文件(隶属于 FormMain 类，将在实验 20 中创建并实现)。

(10) clipPolygons.cs，多边形裁剪功能文件(隶属于 FormMain 类，在实验 21 中创建并实现)。

(11) FormFillConfig.cs，多边形填充设置窗体(实验 21)。

(12) scanFillPolygon.cs，多边形扫描线填充功能文件(隶属于 FormMaim 类，在实验 21 中实现)。

1) 主窗体的实现

主窗体(图 19-3)是程序各功能的主要载体。由主菜单和绘图区两部分构成，主菜单的主要功能有文件、绘图、编辑和帮助四个主菜单项，绘图区主要由一个组合框(GroupBox)控件和一个面板(Panel)控件组成。主菜单中"文件"部分本实验中只实现了"退出"功能，读者今后可自行添加"打印""保存"等常见功能。"绘图"菜单中有"绘制点符号""绘制折线""绘制多边形"等子菜单项，分别对应着启动 FormSymbol、FormPolyLine 和 FormPolygon。"编辑"菜单的功能分别在实验 20 和实验 21 中介绍。"帮助"菜单的实质内容不是本实验主要讨论的内容，由读者自行补充完整。

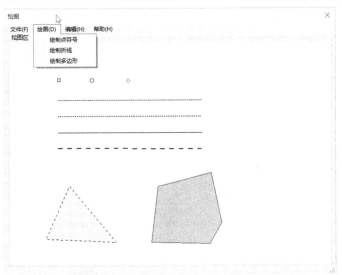

图 19-3 简单绘图系统的主界面

程序示例 4 简单绘图系统。

下面是主窗体实现的主要代码(为了增加可读性，编辑功能部分单独存放在其他代码文件中)，主要包括 FormMain 各事件的响应函数。

```
using System;
using System.Collections.Generic;
using System.Drawing;
using System.Linq;
using System.Windows.Forms;
using System.Drawing.Drawing2D;
```

```csharp
namespace SimpleGraphics
{   //下面是一个用来定义当前操作类型的枚举类型
    public enum Oprations { DrawSymbol,     //绘制点符号
                            DrawLine,       //绘制折线
                            DrawPolygon,    //绘制多边形
                            ClipLines,      //线裁剪
                            ClipPolygon,    //多边形裁剪
                            FillPolygon,    //多边形填充
                            None };         //None 表示无任何操作

    //下面是为传递点、线、面等几何要素样式定义的委托类型，主要传递几何样式和操作类
        型两个参数
    public delegate void PassFeatureStyle(string featureStyle,
        Oprations gType);

    public partial class FormMain : Form    //主窗体类
    {
        private List<Symbol> symbolList;            //存放所有点符号的列表
        private List<PolyLine> lineList;            //存放所有折线的列表
        private List<PolyLine> tmpLinelist;         //存放折线半成品的临时列表
        private List<Polygon> PolygonList;          //存放所有多边形的列表
        private List<Polygon> tmpPolygonList;       //存放多边形半成品的临时列表
        private Oprations opraMode;                 //记录当前操作类型的变量
        private string currentFeatureStyle;         //存放当前几何样式的字符串
                                                      变量
        private List<Point> tmpPoints;              //存放临时点序列的列表
        private PolyLine tmpPolyLine;               //临时折线
        private Polygon tmpPolygon;                 //临时多边形
        private Pen LineStyle;                      //线样式
        private SymbolShape SmblType;               //点符号形状
        private int SmblSize;                       //点符号大小
        private Color SmblColor;                    //点符号颜色
        private Point[] tmpVertexes;                //临时顶点序列数组
        private Color PlgColor;                     //多边形填充颜色
        private const int Trans = 63;               //多边形填充颜色的透明度
        private Rectangle Clip;                     //裁剪窗矩形
        private int RectClick;                      //鼠标绘制裁剪时电击计数器
        private Point Rlocation;                    //绘制裁剪窗矩形时记录的第一点
        private Graphics g;                         //图形绘制画布

        //-------------------------------------------------------------------
```

```csharp
//主窗体的构造函数，主要用于必要属性的实例化或初始化
public FormMain()
{
    InitializeComponent();
    symbolList = new List<Symbol>();
    lineList = new List<PolyLine>();
    PolygonList = new List<Polygon>();
    tmpPoints = new List<Point>();
    tmpLinelist = new List<PolyLine>();
    tmpPolygonList = new List<Polygon>();
    LineStyle = new Pen(Color.Black,1f);
    Rlocation = new Point();
    currentFeatureStyle = "";
    RectClick = 0;
    opraMode = Oprations.None;
    g = panel1.CreateGraphics();
}


//--------------------------------------------------------------
//绘制点符号子菜单的响应函数，主要用于点符号样式窗体的启动及样式参数的接收
private void MenuItemDrawSymbol_Click(object sender, EventArgs e)
{
    FormSymbol f_newsymbol = new FormSymbol();  //点符号窗体实例化
    f_newsymbol.SendSymbolStyle += new PassFeatureStyle
    (ReceiveFeatureSytle);  //添加事件
    if (f_newsymbol.ShowDialog() == DialogResult.OK)   //响应函数
    {
        panel1.Cursor = Cursors.Cross;              //设置绘图面板的
                                                    鼠标样式
        string[] s = currentFeatureStyle.Split(',');//分解符号样式的各
                                                    个分量
        switch (s[0])                               //第一个分量是点
                                                    符号的形状
        {
            case "0":
                SmblType = SymbolShape.circle;
                break;
            case "1":
                SmblType = SymbolShape.square;
                break;
            case "2":
```

```csharp
            SmblType = SymbolShape.rhombus;
            break;
    }
    SmblSize = int.Parse(s[1]);              //第二个分量是
                                             //  点符号的大小
    SmblColor = Color.FromArgb(int.Parse(s[2]));//第三个分量是点
                                             //  符号的颜色
    }
}

//-------------------------------------------------------------
//绘制折线子菜单的响应函数，主要用于折线样式窗体的启动及其样式参数的接收
private void MenuItemDrawLine_Click(object sender, EventArgs e)
{
    FormPolyLine f_newpolyline = new FormPolyLine();
    f_newpolyline.SendLineStyle += new PassFeatureStyle
        (ReceiveFeatureSytle);
    if (f_newpolyline.ShowDialog() == DialogResult.OK)
    {
        panel1.Cursor = Cursors.Cross;
        tmpPoints.Clear();              //清空临时点列表，以便开始存放
                                        //  新折线的顶点
        string[] s=currentFeatureStyle.Split(',');
        LineStyle = getLineStyle(s);    //通过自定义函数 getLineStyle
                                        //  ()接收线样式
    }
}

//-------------------------------------------------------------
//绘制多边形子菜单的响应函数，主要用于多边形样式窗体的启动及其样式参数的接收
private void MenuItemDrawPolygen_Click(object sender, EventArgs e)
{
    FormPolygon f_newPolygon = new FormPolygon();
    f_newPolygon.SendPolygonStyle+=new PassFeatureStyle
        (ReceiveFeatureSytle);
    if (f_newPolygon.ShowDialog() == DialogResult.OK)
    {
        panel1.Cursor = Cursors.Cross;
        string[] s = currentFeatureStyle.Split(',');
        LineStyle = getLineStyle(s);              //接收边线样式
        PlgColor = Color.FromArgb(int.Parse(s[3]));//接收多边形填
```

实验 19 简单矢量图形设计与应用

充颜色

```
    }
}


//------------------------------------------------------------
//线裁剪子菜单的响应函数，主要用于启动线裁剪模式
private void MenuItemClipLines_Click(object sender, EventArgs e)
{
    if (lineList.Count > 0)
    {
        panel1.Cursor = Cursors.Cross;
        opraMode = Oprations.ClipLines;            //设置当前操作模
                                                   //  式为线裁剪
    }
}


//------------------------------------------------------------
//多边形裁剪子菜单的响应函数，主要用于启动多边形裁剪模式
private void MenuItemClipPolygons_Click(object sender,EventArgs e)
{
    if (PolygonList.Count > 0)
    {
        panel1.Cursor = Cursors.Cross;
        opraMode = Oprations.ClipPolygon;
    }
}


//------------------------------------------------------------
//多边形填充子菜单的响应函数，主要用于多边形填充窗体的启动及填充样式参数的接收
private void MenuItemFillPolygon_Click(object sender, EventArgs e)
{
    FormFillConfig f_fill = new FormFillConfig();
    f_fill.SendPolygonStyle += new PassFeatureStyle
    (ReceiveFeatureSytle);
    if (f_fill.ShowDialog() == DialogResult.OK)
    {
        Color fillColor = Color.FromArgb(int.Parse
        (currentFeatureStyle.Split(',')[1]));
        int trans = int.Parse(currentFeatureStyle.Split(',')[0]);
        if (PolygonList.Count > 0)
            fillPolygons(PolygonList, fillColor, trans, g);
```

```csharp
    }
}

//-------------------------------------------------------------
//退出系统子菜单的响应函数
private void MenuItemExit_Click(object sender, EventArgs e)
{
    Application.Exit();
}


//-------------------------------------------------------------
//绘图面板鼠标单击事件的响应函数,函数根据当前操作类型 opraMode 选择不同
  的操作
private void panel1_MouseClick(object sender, MouseEventArgs e)
{
    if (panel1.Cursor == Cursors.Cross)   //若鼠标样式为十字则进行操作
    {
        DrawGraphics(g);                  //绘制已有图形
        switch (opraMode)
        {
            case Oprations.DrawSymbol:    //若当前操作为绘制点符号
                Symbol tmpSmbl = new Symbol(e.Location, SmblSize,
                SmblType, SmblColor);
                symbolList.Add(tmpSmbl);  //将当前鼠标事件触发点作为
                                          临时符号,并添加至点列表
                break;
            case Oprations.DrawLine:      //若当前操作为绘制折线
                tmpPoints.Add(e.Location);//将当前鼠标事件触发点添
                                          加到临时点列表
                tmpVertexes = new Point[tmpPoints.Count];
                                          //据临时点列表点数创建临时顶点列表
                tmpPoints.CopyTo(tmpVertexes);
                                          //将临时点序列复制到临时顶点列表
                tmpPolyLine = new PolyLine(tmpVertexes,LineStyle);
                                          //实例化临时折线
                if (e.Button == MouseButtons.Right)
                                          //若单击为右键,则完成折线
                {
                    if(tmpPolyLine.Vertexes.Length>1)
                                          //若临时线顶点数大于1,将临时线添加
                        lineList.Add(tmpPolyLine);
```

```csharp
                            //至线列表
            tmpPolyLine.Vertexes.Initialize();
                            //初始化临时线顶点集合，准备下一条线
            tmpPoints.Clear();
                            //清空临时点列表
            panel1.Cursor = Cursors.Arrow;
                            //面板光标恢复为箭头
        }
        break;
    case Oprations.DrawPolygon:     //若当前操作为绘制多边形
        tmpPoints.Add(e.Location);
        tmpVertexes = new Point[tmpPoints.Count];
        tmpPoints.CopyTo(tmpVertexes);
        Color rColor = PlgColor;    //多边形内部填充色
        Pen p = new Pen(LineStyle.Color, LineStyle.Width);
                            //以下语句确定边线样式
        p.DashStyle = LineStyle.DashStyle;
        if(p.DashStyle!=DashStyle.Solid)
            p.DashPattern = LineStyle.DashPattern;
        tmpPolygon = new Polygon(tmpVertexes, p, rColor);
                            //实例化临时多边形
        if (e.Button == MouseButtons.Right)//若单击为右键，
                            //则完成多边形
        {
            if (tmpPolygon.Vertexes.Length > 2)
                            //若临时线顶点数大于2，将临时多边形
                PolygonList.Add(tmpPolygon);
                            //添加至多边形列表
            tmpPolygon.Vertexes.Initialize();
            tmpPoints.Clear();
            panel1.Cursor = Cursors.Arrow;
        }
        break;
    case Oprations.ClipLines:       //若当前操作为线裁剪，与多边
                            //形裁剪联合判断
                            //故此处未加break
    case Oprations.ClipPolygon:     //若当前操作为多边形裁剪
        RectClick++;                //裁剪窗顶点计数器加1，该值
                            //只有0,1,2
        if (RectClick == 1)         //1表示裁剪窗只定义了一个
                            //点，应将该点记录到
```

```csharp
{                                      //Rlocation 当中
    Rlocation.X = e.X;
    Rlocation.Y = e.Y;
}
else if (RectClick == 2)  //2 表示定义了两个点，此时可
                          //   完成构造裁剪窗
{
    int x = Math.Min(e.X, Rlocation.X);
                          //计算裁剪窗左上角点坐标
    int y = Math.Min(e.Y, Rlocation.Y);
    int rWidth = Math.Abs(e.X - Rlocation.X);
                          //计算裁剪窗的宽和高
    int rHeight = Math.Abs(e.Y - Rlocation.Y);
    Clip = new Rectangle(x, y, rWidth, rHeight);
                          //实例化裁剪窗
    if(opraMode==Oprations.ClipLines)  //若当前操作
                                       //        为线裁剪
    {
        tmpLinelist.Clear();   //清空临时线列表，用来
                               //        保存裁剪结果
        if (lineList.Count > 0)//若当前线列表不空，逐
                               //        条进行裁剪
        {
            for (int i = 0; i < lineList.Count; i++)
            {
                List<Point> pts = new List<Point>();
                pts = lineList[i].Vertexes.ToList<
                    Point>();
                clip_polyline(pts, Clip, i);//裁剪一条
                                            //       折线
            }
        }
        lineList.Clear(); //裁剪完成后，清空当前线列表
        for (int i = 0; i < tmpLinelist.Count; i++)
                          //将裁剪后的线添加至
            lineList.Add(tmpLinelist[i]);
                          //当前线列表
    }
    if (opraMode == Oprations.ClipPolygon)
                          //若当前操作为多边形裁剪
    {
```

```csharp
                    tmpPolygonList.Clear();
                                            //清空临时多边形列表
                    if (PolygonList.Count > 0)
                                            //若当前多边形列表不空,逐个进行裁剪
                    {
                        for (int i = 0; i < PolygonList.Count; i++)
                        {
                            List<Point> pts = new List<Point>();
                            pts = PolygonList[i].Vertexes.ToList<
                            Point>();
                            clip_polygon(pts, Clip, i);
                        }
                    }
                    PolygonList.Clear(); //清空当前多边形列表,存
                                            入裁剪结果
                    for (int i = 0; i < tmpPolygonList.Count; i++)
                        PolygonList.Add(tmpPolygonList[i]);
                    }
                    RectClick = 0;      //裁剪完毕后,裁剪窗点计数器清零,
                                            表示无裁剪状态
                    panel1.Cursor = Cursors.Arrow;
                    opraMode = Oprations.None;   //当前操作类型设置
                                                    为无操作

                }
                break;
        }
        DrawGraphics(g);                        //操作完成后,重新
                                                    绘制图形
    }
}

//------------------------------------------------------------
//绘图面板鼠标移动事件响应函数,主要用于实现绘图时的橡皮条显示效果
private void panel1_MouseMove(object sender, MouseEventArgs e)
{
    if (panel1.Cursor == Cursors.Cross && (tmpPoints.Count >
    0 || RectClick == 1))
    {   //若当前为绘图或编辑状态并且临时点列表非空或裁剪窗点计数器为1,则
            显示橡皮条
        BufferedGraphicsContext bgc = BufferedGraphicsManager.
        Current; //双缓冲区上下文
```

```
BufferedGraphics bg = bgc.Allocate(g, panel1.
DisplayRectangle);   //双缓冲区画布
bg.Graphics.Clear(panel1.BackColor);
                                  //擦拭双缓冲区画布
DrawGraphics(bg.Graphics);   //将已有图像绘制于双缓冲区
switch (opraMode)            //根据当前操作生成橡皮条
{
    case Oprations.DrawLine:   //当前为绘制折线
        if (tmpPolyLine.Vertexes.Length > 1)
                                  //临时顶点数大于1，绘部分折线
            bg.Graphics.DrawLines(tmpPolyLine.PenStyle,
            tmpPolyLine.Vertexes);
        Point p1 = tmpPolyLine.Vertexes[tmpPolyLine.
        Vertexes.Length - 1];
        bg.Graphics.DrawLine(tmpPolyLine.PenStyle, p1, e.
        Location);   //绘橡皮条线
        break;
    case Oprations.DrawPolygon://当前为绘制多边形
        if (tmpPolygon.Vertexes.Length == 1)
                                  //目前只有1点，尚未确定第二点
        {                         //不能形成多边形，所以只绘制
            Point p = tmpPolygon.Vertexes[0];
                                  //一条橡皮条线
            bg.Graphics.DrawLine(LineStyle, p, e.Location);
        }
        else                      //若顶点数大于1，绘制橡皮条多
        {                         //边形
            Point[] pts = new Point[tmpPolygon.
            Vertexes.Length + 1];
            tmpPolygon.Vertexes.CopyTo(pts, 0);
            pts[pts.Length - 1] = e.Location;
            Brush brush = new SolidBrush(Color.
            FromArgb(Trans, PlgColor));
            bg.Graphics.FillPolygon(brush, pts);
            bg.Graphics.DrawPolygon(LineStyle, pts);
        }
        break;
    case Oprations.ClipLines:  //若当前为裁剪线，裁剪窗绘制方
                                  法同裁
                                  //剪多边形一致，故此处无break
    case Oprations.ClipPolygon://若当前为裁剪多边形
```

实验 19　简单矢量图形设计与应用　　　　　　　　　　　　　　　　· 163 ·

```
                if (RectClick == 1)        //当裁剪窗已经定义了一点
                {
                    Pen p = new Pen(Color.Gray, 0.5f);
                                                    //设置裁剪窗线样式
                    int rWidth = Math.Abs(e.X - Rlocation.X);
                                                    //计算裁剪窗的大小
                    int rHeight = Math.Abs(e.Y - Rlocation.Y);
                    Rectangle r = new Rectangle(Rlocation,new Size
                    (rWidth, rHeight));
                    bg.Graphics.DrawRectangle(p, r);//在双缓冲区中绘制
                                                    橡皮条裁剪窗
                }
                break;
            default:
                break;
        }
        bg.Render();
    }
}

//----------------------------------------------------------------
//绘图面板的重绘事件响应函数,用于窗口被遮挡或最小化后恢复图形
private void panel1_Paint(object sender, PaintEventArgs e)
{
    DrawGraphics(g);
}

//----------------------------------------------------------------
//点线面等样式设置窗体传递参数事件的响应函数,主要用于几何参数和操作类型的接收
private void ReceiveFeatureSytle(string ftSyle, Oprations dType)
{
    currentFeatureStyle = ftSyle;
    opraMode = dType;
}

//----------------------------------------------------------------
//自定义函数,用于将接收的几何参数中的线样式提取出来,作为pen变量返回
private Pen getLineStyle(string[] s)
{   //s[0]表示线型, s[1]表示线宽, s[2]表示线颜色
    Pen p = new Pen(Color.FromArgb(int.Parse(s[2])), float.
    Parse(s[1]));
```

```csharp
        switch (s[0])
        {
            case "0":
                p.DashStyle = DashStyle.Dash;
                break;
            case "1":
                p.DashStyle = DashStyle.Dot;
                break;
            case "2":
                p.DashStyle = DashStyle.Solid;
                break;
            case "3":
                p.DashStyle = DashStyle.Custom;
                p.DashPattern = new float[] { 5f, 5f };
                //pattern 只有在自定义虚线中使用
                break;
        }
        return p;
    }

    //------------------------------------------------------------
    //自定义函数，主要用于将现有图形绘制到面板画布上
    private void DrawGraphics(Graphics g)
    {
        g.Clear(panel1.BackColor);           //擦拭画布
        foreach (Symbol s in symbolList)     //逐个绘制点符号
        {
            int halfSize = s.Size / 2 + 1;//计算点符号外包正方形的半边长
            Pen pen = new Pen(s.SymbolColor, 1f);
            int xc = s.Location.X;           //计算符号中心点坐标
            int yc = s.Location.Y;
            int x1 = xc - halfSize;          //计算符号外包正方形左上角坐标
            int y1 = yc - halfSize;
            int width = 2 * halfSize;        //计算符号外包正方形边长
            int height = width;
            switch (s.Shape)
            {
                case SymbolShape.circle:
                    g.DrawEllipse(pen, x1, y1, width, height);
                    //绘制圆形符号
                    break;
```

```
                case SymbolShape.square:
                    g.DrawRectangle(pen, x1, y1, width, height);
                    //绘制方形符号
                    break;
                case SymbolShape.rhombus:
                    Point p1 = new Point(x1, yc);
                    Point p2 = new Point(xc, y1);
                    Point p3 = new Point(x1 + width, yc);
                    Point p4 = new Point(xc, y1 + width);
                    g.DrawPolygon(pen, new Point[] { p1, p2, p3, p4 });
                    //绘制菱形符号
                    break;
            }
        }
        foreach (PolyLine l in lineList)      //逐条绘制折线
        {
            g.DrawLines(l.PenStyle, l.Vertexes);
        }
        foreach (Polygon r in PolygonList)  //逐个绘制多边形
        {
            Pen p = new Pen(r.ol_style.Color, r.ol_style.Width);
            p.DashStyle = r.ol_style.DashStyle;
            if(p.DashStyle!=DashStyle.Solid)
                p.DashPattern = r.ol_style.DashPattern;
            Brush brush = new SolidBrush(Color.FromArgb(Trans,
                            r.r_color));
            g.FillPolygon(brush, r.Vertexes);
            g.DrawPolygon(p, r.Vertexes);
        }
    }
}
```

2) 新建点符号样式设置窗体的实现

本功能由一个独立的窗体构成。首先新建一个窗体，命名为 FormSymbol，其中有符号形状、大小和颜色等三个参数需要设置。形状有圆形、方形和菱形，三个选项置于一个 ComboBox 控件中；符号的大小用 numericUpDown 控件选择，数据类型为 int；符号颜色是 Color 类型，使用一个按钮来调用颜色对话框，用户使用颜色对话框选择颜色。最后点击"确定",将含有符号样式的参数通过委托事件传递给FormMain,FormMain 通过接收到的参数信息进行绘图。窗体的设置(图 19-4)及代码实现如程序示例 5 所示。

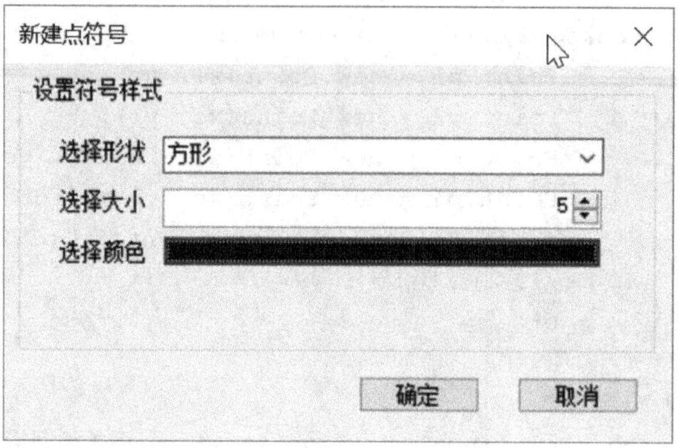

图 19-4　新建点符号参数设置窗体

程序示例 5

```
using System;
using System.Drawing;
using System.Windows.Forms;

namespace SimpleGraphics
{
    public partial class FormSymbol : Form
    {
        public event PassFeatureStyle SendSymbolStyle;
                                //符号设置窗体的传递参数事件,委托类型
        public FormSymbol()
        {
            InitializeComponent();
        }

        //------------------------------------------------------------
        //窗体装载事件的响应函数,可以进行控件的初始化工作
        private void FormSymbol_Load(object sender, EventArgs e)
        {
            comboBox1.Items.Add("圆形");
            comboBox1.Items.Add("方形");
            comboBox1.Items.Add("菱形");
            comboBox1.SelectedIndex = 1;
            buttonSelectColor.Text = "";
```

```csharp
        buttonSelectColor.BackColor = Color.Blue;
    }

    //-----------------------------------------------------------
    //颜色选择按钮的响应函数，将用户选择的颜色赋值给按钮背景色
    private void buttonSelectColor_Click(object sender, EventArgs e)
    {
        ColorDialog cDialog = new ColorDialog();
        if (cDialog.ShowDialog() == DialogResult.OK)
        {
            buttonSelectColor.BackColor = cDialog.Color;
        }
    }

    //-----------------------------------------------------------
    //确定按钮的响应函数，用于传递参数
    private void buttonOK_Click(object sender, EventArgs e)
    {
        string shape = comboBox1.SelectedIndex.ToString();
                                            //表示符号形状的字符串
        string size= numericUpDown1.Value.ToString();
                                            //表示符号大小的字符串
        string color = buttonSelectColor.BackColor.ToArgb().ToString();
                                            //表示符号颜色的字符串
        string symbolStyle = shape + "," + size + "," + color;
                                            //将上面字符串用','隔开并连接
        SendSymbolStyle(symbolStyle, DrawType.Symbol);
                                            //触发传递事件将参数送出
        this.DialogResult = DialogResult.OK;
                                            //将对话框返回结果设置为OK
        this.Close();
    }

    //-----------------------------------------------------------
    //取消按钮的响应函数
    private void buttonCancel_Click(object sender, EventArgs e)
    {
        this.DialogResult = DialogResult.Cancel;
        this.Close();
    }
}
```

}

3) 新建折线样式设置窗体的实现

创建一个窗体,如图19-5所示。折线的参数包括线型、线宽和颜色三个。线型设计采用ComboBox控件,其值为四个类型,分别是虚线、点线、实线和自定义虚线。虚线和点线在GDI+中是固定的DashPattern,实线的DashPattern没有意义,不能复制,自定义虚线可以设置DashPattern。线宽数据类型是float,选用numericUpDown控件。线颜色用一个button控件,调用颜色对话框供用户选择。

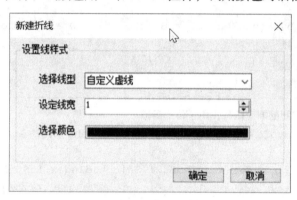

图19-5 新建折线窗体

程序示例6

```
using System;
using System.Drawing;
using System.Windows.Forms;

namespace SimpleGraphics
{
    public partial class FormPolyLine : Form
    {
        public event PassFeatureStyle SendLineStyle;

        public FormPolyLine()
        {
            InitializeComponent();
        }

        private void FormPolyLine_Load(object sender, EventArgs e)
        {
            comboBox1.Items.Add("虚线");
            comboBox1.Items.Add("点线");
```

```csharp
        comboBox1.Items.Add("实线");
        comboBox1.Items.Add("自定义虚线");
        comboBox1.SelectedIndex = 3;
        buttonSelectColor.Text = "";
        buttonSelectColor.BackColor = Color.Black;
    }

    //--------------------------------------------------------------
    //确定按钮的响应函数，用于传递参数
    private void buttonOk_Click(object sender, EventArgs e)
    {
        string shape = comboBox1.SelectedIndex.ToString();
        string width = numericUpDown1.Value.ToString();
        string color = buttonSelectColor.BackColor.ToArgb().ToString();
        string lineStyle = shape + "," + width + "," + color;
        SendLineStyle(lineStyle,DrawType.PolyLine);
        this.DialogResult = DialogResult.OK;
        this.Close();
    }

    private void buttonCancel_Click(object sender, EventArgs e)
    {
        this.DialogResult = DialogResult.Cancel;
        this.Close();
    }

    private void buttonSelectColor_Click(object sender, EventArgs e)
    {
        ColorDialog cDialog = new ColorDialog();
        if (cDialog.ShowDialog() == DialogResult.OK)
        {
            buttonSelectColor.BackColor = cDialog.Color;
        }
    }
}
```

4) 新建多边形样式设置窗体的实现

创建一个窗体，如图 19-6 所示，命名为 FormPolygon。多边形的参数包括边线线型、边线线宽、边线颜色和填充颜色等四个。边线线型设计采用 ComboBox 控件，其值为四个类型，同折线线型一样，分别是虚线、点线、实线和自定义虚线；边线线宽数据类型是 float，选用 numericUpDown 控件；边线颜色和填充颜色都使用 button 控件调用颜色对话框来供用户选择颜色。

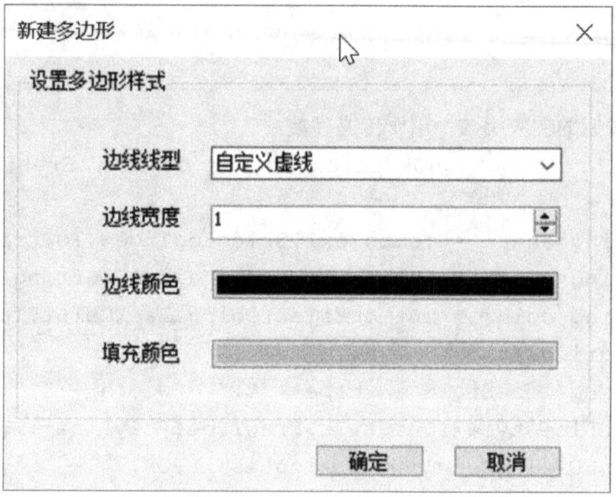

图 19-6 新建多边形窗体

程序示例 7

```
using System;
using System.Drawing;
using System.Windows.Forms;

namespace SimpleGraphics
{
    public partial class FormPolygon : Form
    {
        public event PassFeatureStyle SendPolygonStyle;

        public FormPolygon()
        {
            InitializeComponent();
        }

        private void FormPolygon_Load(object sender, EventArgs e)
        {
            cmbBorderStyle.Items.Add("虚线");
            cmbBorderStyle.Items.Add("点线");
            cmbBorderStyle.Items.Add("实线");
```

```csharp
        cmbBorderStyle.Items.Add("自定义虚线");
        cmbBorderStyle.SelectedIndex = 3;
        buttonBorderColor.Text = "";
        buttonBorderColor.BackColor = Color.Black;
        buttonPolygonColor.Text = "";
        buttonPolygonColor.BackColor = Color.LightBlue;
    }

    private void buttonBorderColor_Click(object sender, EventArgs e)
    {
        ColorDialog cDialog = new ColorDialog();
        if (cDialog.ShowDialog() == DialogResult.OK)
        {
            buttonBorderColor.BackColor = cDialog.Color;
        }
    }

    private void buttonPolygonColor_Click(object sender, EventArgs e)
    {
        ColorDialog cDialog = new ColorDialog();
        if (cDialog.ShowDialog() == DialogResult.OK)
        {
            buttonPolygonColor.BackColor = cDialog.Color;
        }
    }

    //------------------------------------------------------------
    //确定按钮的响应函数，用于传递参数
    private void buttonOK_Click(object sender, EventArgs e)
    {
        string lstyle = cmbBorderStyle.SelectedIndex.ToString();
        string lwidth = numBorderWidth.Value.ToString();
        string lcolor = buttonBorderColor.BackColor.ToArgb().ToString();
        string rcolor = buttonPolygonColor.BackColor.ToArgb().ToString();
        string PolygonStyle = lstyle + "," + lwidth + "," + lcolor+ "," + rcolor;
        SendPolygonStyle(PolygonStyle, DrawType.Polygon);
        this.DialogResult = DialogResult.OK;
        this.Close();
```

```
        }

        private void buttonCancel_Click(object sender, EventArgs e)
        {
            this.DialogResult = DialogResult.Cancel;
            this.Close();
        }
    }
}
```

本系统中的裁剪、填充等功能分别在实验 20 和实验 21 中完善。

5. 自主练习

使用 AutoCAD 软件进行制图练习,体会并对比自己开发的图形系统,尝试增加选择要素的功能。

实验 20 矢量线的裁剪

矢量线的裁剪是线处理中常见的操作。裁剪过程需要一个矩形,称为裁剪窗。被裁剪的折线落入裁剪窗的部分保留,其余被删除。

实验目的: 使用 C#语言设计一个折线剪裁的算法,完成折线裁剪操作。要求用户使用鼠标在面板上绘制剪裁窗,裁剪窗完成时将折线裁剪完毕并显示。

相关实验: 矢量图形数据结构设计和应用。

实验内容: 实现使用矩形裁剪框对直线段的裁剪。

1. 算法分析

直线裁剪算法是根据著名的 Sutherland-Cohen 算法改编而来。该算法关注一个直线段(P_1P_2)的裁剪过程。其具体分析过程如下:

(1) 用裁剪窗的四条边将绘图区分为九个区域;用四位 0,1 编码为每个区域编码(图 20-1);窗口的某一条边外侧的三个区域中有一位全为 1。

(2) 判断直线段是否完全在窗口内,或完全在窗口外。

(3) 若不能得出上面的判断则需要计算出直线段与窗口边界的交点。交点把直线分成两段,把完全在窗口外的舍去,对另一条再作重新判断。

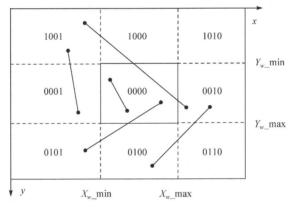

图 20-1 裁剪窗对绘图面板的分割编码及与直线段的位置关系示意图

Sutherland-Cohen 算法基本步骤为:

(1) 对直线两端点 P_1,P_2 按各自所在的区域编码。P_1 和 P_2 的编码分别记为:

　　int[]　C_1 = {$C_1[0]$, $C_1[1]$, $C_1[2]$, $C_1[3]$};　　int[]　C_2 = { $C_2[0]$, $C_2[1]$, $C_2[2]$, $C_2[3]$};

其中 $C_1[i]$ 和 $C_2[i]$ 的取值域为{1, 0},i={0,1,2,3}。

(2) if($C_1[i]$ == $C_2[i]$ == 0)则显示整条直线,取出下一条直线,返回(1);否则,进入(3)。

(3) if($C_1[0]$==1 || $C_2[0]$==1)则求直线与窗上边($y=Y_w$_min)之交点,并删去交点以

上部分；

if($C_1[1]$==1 || $C_2[1]$==1)则求直线与窗下边($y=Y_w$-max)之交点，并删去交点以下部分；

if($C_1[2]$==1 || $C_2[2]$==1)则求直线与窗右边($x=X_w$-max)之交点，并删去交点以右部分；

if($C_1[3]$==1 || $C_2[3]$==1)则求直线与窗左边($x=X_w$-min)之交点，并删去交点以左部分。

(4) 返回(1)继续。

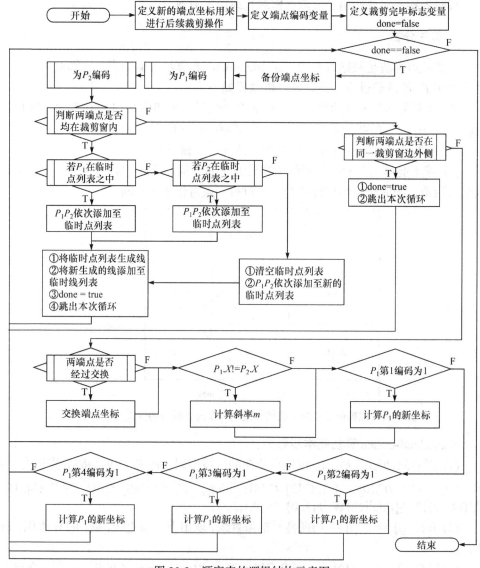

图 20-2 顺序表的逻辑结构示意图

主算法为 clip_a_line()，其流程如图 20-2 所示。它调用 5 个子程序，功能分别为：

(1) Encode(Point p, Rectangle r)，根据裁剪窗边线判断点 p 所在的区域，并赋予其相应的编码。

(2) accept(int[] c1, int[] c2)，根据两端点的编码 $c1, c2$，判断直线段是否在窗口之内。

(3) reject(int[] c1, int[] c2)，根据两端点的编码 $c1, c2$，判断直线段是否在窗口之外。

(4) swap(int[] c1, int[] c2)：根据两端点的编码 $c1, c2$，判断 P_1 是否在窗口之外，如否，则将 $c1$ 与 $c2$ 的值交换。

(5) contains(List<Point> pts, Point p)：判断点 p 是否在当前折线(pts)中。

2. 裁剪算法的实现

本算法是简单图形系统的一部分，裁剪窗建立的部分参考实验 19 主窗体代码部分。下面是折线裁剪算法的具体实现。

```
using System;
using System.Collections.Generic;
using System.Drawing;

namespace SimpleGraphics
{
    partial class FormMain
    {
        private void clip_polyline(List<Point> pts, Rectangle r, int index)
        {
            int i = 0;
            for (i = 0; i < pts.Count - 1; i++)
            {
                Clip_a_line(pts[i], pts[i + 1], r, index);
            }
        }
        //-------------------------------------------------------------
        //直线段裁剪程序
        private void Clip_a_line(Point pt1, Point pt2, Rectangle ClipW, int index)
        {
            Point p1 = pt1;
            Point p2 = pt2;
            int[] P1code, P2code;
            P1code = new int[4];
            P2code = new int[4];
            bool done = false;
```

```
double m = 1.0;
Point tmpP1, tmpP2;
while (!done)
{
    tmpP1 = p1;
    tmpP2 = p2;
    P1code = Encode(p1, ClipW);
    P2code = Encode(p2, ClipW);
    if (accept(P1code, P2code))
    {
        if (contains(tmpPoints, p1))
        {
            tmpPoints.Add(p1);
            tmpPoints.Add(p2);
        }
        else if (contains(tmpPoints, p2))
        {
            tmpPoints.Add(p2);
            tmpPoints.Add(p1);
        }
        else
        {
            tmpPoints.Clear();
            tmpPoints.Add(p1);
            tmpPoints.Add(p2);
        }
        Pen pen = lineList[index].PenStyle;
        PolyLine pl = new PolyLine(tmpPoints.ToArray(), pen);
        tmpLinelist.Add(pl);
        done = true;
        break;
    }
    else if (reject(P1code, P2code))
    {
        done = true;
        break;
    }
    if (swap(P1code, P2code))
    {
        p1 = tmpP2;
        p2 = tmpP1;
```

```
            }
            if (p1.X != p2.X)
                m = (double)(p2.Y - p1.Y) / (double)(p2.X - p1.X);
            if (P1code[0] == 1)
            {
                if (p1.X != p2.X)
                    p1.X += Convert.ToInt32((ClipW.Y - p1.Y) / m);
                p1.Y = ClipW.Y;
            }
            else if (P1code[1] == 1)
            {
                if (p1.X != p2.X)
                    p1.X -= Convert.ToInt32((p1.Y - ClipW.Y - ClipW.
                    Height) / m);
                p1.Y = ClipW.Y + ClipW.Height;
            }
            else if (P1code[2] == 1)
            {
                p1.Y -= Convert.ToInt32((p1.X - ClipW.X - ClipW.Width)*m);
                p1.X = ClipW.X + ClipW.Width;
            }
            else if (P1code[3] == 1)
            {
                p1.Y += Convert.ToInt32((ClipW.X - p1.X) * m);
                p1.X = ClipW.X;
            }
        }
    }

    private int[] Encode(Point p, Rectangle r)
    {
        int[] c = new int[4];
        if (p.X < r.X)
            c[3] = 1;
        else
            if (p.X > (r.X + r.Width))
                c[2] = 1;
        if (p.Y > (r.Y + r.Height))
            c[1] = 1;
        else
            if (p.Y < r.Y)
```

```
            c[0] = 1;
        return c;
    }

    private bool accept(int[] c1, int[] c2)
    {
        bool flag = true;
        for (int i = 0; i < c1.Length; i++)
            if (c1[i] == 1 || c2[i] == 1)
            {
                flag = false;
                break;
            }
        return flag;
    }

    private bool reject(int[] c1, int[] c2)
    {
        bool flag = false;
        for (int i = 0; i < c1.Length; i++)
            if (c1[i] == 1 && c2[i] == 1)
            {
                flag = true;
                break;
            }
        return flag;
    }

    private bool swap(int[] c1, int[] c2)
    {
        int flag1, flag2, tmp;
        flag1 = 1;
        for (int i = 0; i < c1.Length; i++)
        {
            if (c1[i] == 1)
            {
                flag1 = 0;
                break;
            }
        }
        flag2 = 1;
```

```
            for (int i = 0; i < c2.Length; i++)
            {
                if (c2[i] == 1)
                {
                    flag2 = 0;
                    break;
                }
            }
            if (flag1 == 0 && flag2 == 0)
                return false;
            if (flag1 == 1 && flag2 == 0)
            {
                for (int i = 0; i < c2.Length; i++)
                {
                    tmp = c1[i];
                    c1[i] = c2[i];
                    c2[i] = tmp;
                }
                return true;
            }
            return false;
        }
        private bool contains(List<Point> pts, Point p)
        {
            bool r = false;
            for (int i = 0; i < pts.Count; i++)
                if (p == pts[i])
                {
                    r = true;
                    break;
                }
            return r;
        }
    }
}
```

3. 自主练习

尝试增加交互式绘制裁剪框裁剪多条直线段。

实验 21 矢量多边形的裁剪与填充

实验目的：使用 C#语言设计一个多边形裁剪的算法以及扫描线方式的多边形填充算法。

相关实验：矢量图形数据结构设计和应用。

实验内容：完成使用矩形裁剪框对多边形的裁剪操作；实现基于扫描线算法的多边形纯色填充功能。

1. 多边形的裁剪

1) 算法分析

多边形剪裁算法的关键在于：通过剪裁，不仅要保持窗口内多边形的边界部分[图 21-1(b)]，而且要将窗框的有关部分按一定次序插入多边形的保留边界之间，从而使剪裁后的多边形之边仍旧保持封闭状态[图 21-1(c)]。

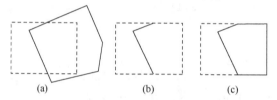

图 21-1 多边形裁剪结果示意图

采用的基础算法是 Sutherland-Hodgman 算法。该算法具体执行过程如下(图 21-2)：

(1) 将待裁剪多边形的顶点按边线顺时针(逆时针也可)走向排序($P_1, P_2, \cdots, P_n$)，如图 21-2(a)所示。

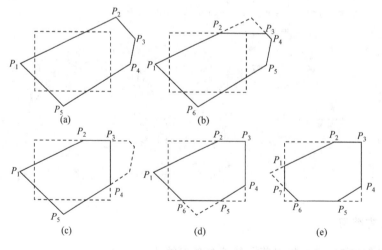

图 21-2 多边形裁剪过程示意图

(2) 多边形各边先与裁剪窗上窗边求交点。求交后删去多边形在窗之上的部分，并插入上窗边及其延长线的交点之间的部分，从而形成一个新的多边形，如图 21-2(b)所示。

(3) 然后，新的多边形按相同方法与右窗边相剪裁。如此重复，直至与各窗边都相互剪裁完毕。

多边形与每一条窗边相交，生成新的多边形顶点序列的过程，是一个对多边形各顶点依次处理的过程。设当前处理的顶点为 P，先前顶点为 S，则对于 P、S 点的处理方法为：

(1) 若 S, P 均在窗边之内侧，则将 P 保存，如图 21-3(a)所示。

(2) 若 S 在窗边内侧，P 在外侧，则求出 SP 边与窗边的交点 I，保存 I，舍去 P，如图 21-3(b)所示。

(3) 若 S, P 均在窗边之外侧，则舍去 P，如图 21-3(c)所示。

(4) 若 S 在窗边之外侧，P 在内侧，则求出 SP 边与窗边的交点 I，依次保存 I 和 P，如图 21-3(d)所示。

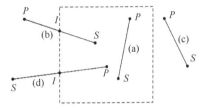

图 21-3 多边形的边与裁剪窗边的位置示意

基于这 4 种情况，可以归纳对当前点 P 的处理方法为：

(1) P 在窗边内侧，则保存 P；否则不保存。

(2) P 和 S 在窗边非同侧，则求交点 I，将 I 保存，并插入 P 之前或 S 之后。

2) 算法实现

程序示例 1

```
using System.Collections.Generic;
using System.Drawing;

namespace SimpleGraphics
{
    partial class FormMain
    {
        //-----------------------------------------------------------
        //多边形裁剪函数
        private void clip_polygon(List<Point> pts, Rectangle r, int index)
        {
            int n1 = pts.Count;
            List<Point> pts1 = new List<Point>();
            List<Point> pts2 = new List<Point>();
            for (int i = 0; i < n1; i++)
                pts1.Add(pts[i]);
```

```
            edgeClip(r.X + r.Width, 1, pts1, pts2);
            edgeClip(r.Y, 2, pts2, pts1);
            edgeClip(r.X, 3, pts1, pts2);
            edgeClip(r.Y + r.Height, 4, pts2, pts1);
            if (pts1.Count > 0)
            {
                Point[] ps = new Point[pts1.Count];
                for (int i = 0; i < ps.Length; i++)
                    ps[i] = new Point(pts1[i].X, pts1[i].Y);
                Pen pen = new Pen(Color.Red, PolygonList[index].ol_style.
                Width);
                pen.DashStyle = PolygonList[index].ol_style.DashStyle;
                pen.DashPattern = PolygonList[index].ol_style.DashPattern;
                Polygon new_p = new Polygon(ps, pen, PolygonList[index].
                r_color);
                tmpPolygonList.Add(new_p);
            }
        }

//------------------------------------------------------------
        private void edgeClip(int edge, int type, List<Point> p_in, List<
        Point> p_out)
        {
            p_out.Clear();
            if (p_in.Count == 0)
                return;
            int i, yes = 0, is_in = 0;
            int x, y, x_intersect = 0, y_intersect = 0;
            x = p_in[p_in.Count - 1].X;
            y = p_in[p_in.Count - 1].Y;
            for (i = 0; i < p_in.Count; i++)
            {
                Point p_int = new Point(x_intersect, y_intersect);
                Point p1 = new Point(x, y);
                Point p2 = new Point(p_in[i].X, p_in[i].Y);
                test_intersect(edge, type, p1, p2, ref p_int, ref yes,
                ref is_in);
                if (yes == 1)
                    p_out.Add(p_int);
                if (is_in == 1)
                    p_out.Add(p_in[i]);
```

```
            x = p_in[i].X;
            y = p_in[i].Y;
    }
}

//--------------------------------------------------------------
private void test_intersect(int edge, int type, Point p1, Point p2,
                    ref Point p_out, ref int yes, ref int is_in)
{
    float m;
    is_in = yes = 0;
    m = (float)(p2.Y - p1.Y) / (p2.X - p1.X);
    switch (type)
    {
        case 1:
            if (p2.X < edge)
            {
                is_in = 1;
                if (p1.X > edge)
                    yes = 1;
            }
            else if (p1.X <= edge)
                yes = 1;
            break;
        case 2:
            if (p2.Y >= edge)
            {
                is_in = 1;
                if (p1.Y < edge)
                    yes = 1;
            }
            else if (p1.Y >= edge)
                yes = 1;
            break;
        case 3:
            if (p2.X >= edge)
            {
                is_in = 1;
                if (p1.X < edge)
                    yes = 1;
            }
```

```
                    else if (p1.X >= edge)
                        yes = 1;
                    break;
                case 4:
                    if (p2.Y <= edge)
                    {
                        is_in = 1;
                        if (p1.Y > edge)
                            yes = 1;
                    }
                    else if (p1.Y <= edge)
                        yes = 1;
                    break;
                default:
                    break;
            }
            if (yes == 1)
            {
                if ((type == 1) || (type == 3))
                {
                    p_out.X = edge;
                    p_out.Y = (int)(p1.Y + m * (p_out.X - p1.X));
                }
                else
                {
                    p_out.Y = edge;
                    p_out.X = (int)(p1.X + (p_out.Y - p1.Y) / m);
                }
            }
        }
    }
}
```

2. 多边形的扫描填充

1) 算法分析

区域填充即给出一个区域的边界，要求对边界范围内的所有像素单元赋予指定的颜色代码。区域填充中最常用的是多边形填色。多边形填色即给出一个多边形的边界，要求对多边形边界范围的所有像素单元赋予指定的颜色代码。要完成这个任务，一个首要的问题，是判断一个像素是在多边形内还是外。

本填充算法采用的是扫描线填充算法。假设水平线由高至低扫掠过整个多边形(图 21-4)，将水平扫描线与多边形边界交点(图 21-4 中的 A、B)之间的线段赋予指定颜色，完成填色过程。

整个过程中扫描线只与多边形的部分边有交点，为了提高效率，特引入一个结构，称为"活性边表"，活性边表中包含了多边形所有的边(图 21-5)。同时，定义了 first 和 last 两个指针标志变量，让某时与多边形求交点(图 21-6)的边都落在 first 和 last 之间。而活性边表是按每条边的最大 y 值排序的(请注意：在 C#窗体中坐标纵轴正方形是向下的)。

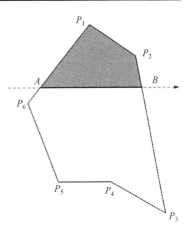

图 21-4　扫描线填充过程示意图

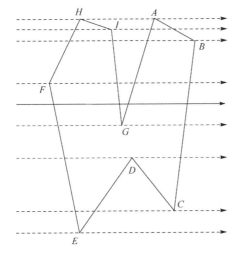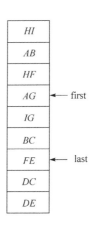

图 21-5　扫描线填充过程中活性边表的状态示意图

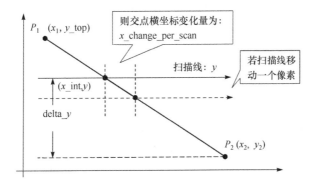

图 21-6　活性边表中每条边求交点时的状态

2) 算法实现

程序示例 2

```csharp
using System;
using System.Drawing;
using System.Windows.Forms;

namespace SimpleGraphics
{
    public partial class FormFillConfig : Form
    {
        public event PassFeatureStyle SendPolygonStyle;
        public FormFillConfig()
        {
            InitializeComponent();
        }

        //-------------------------------------------------------------
        private void FormFillConfig_Load(object sender, EventArgs e)
        {
            buttonSelectColor.Text = "";
            buttonSelectColor.BackColor = Color.LightGray;
        }

        //-------------------------------------------------------------
        private void buttonSelectColor_Click(object sender, EventArgs e)
        {
            ColorDialog cDialog = new ColorDialog();
            if (cDialog.ShowDialog() == DialogResult.OK)
            {
                buttonSelectColor.BackColor = cDialog.Color;
            }
        }

        //-------------------------------------------------------------
        private void ButtonOK_Click(object sender, EventArgs e)
        {
            string trans = numericUpDown1.Value.ToString();
            string color = buttonSelectColor.BackColor.ToArgb().ToString();
            string PolygonStyle = trans + "," + color;
            SendPolygonStyle(PolygonStyle, Oprations.FillPolygon);
```

```csharp
            this.DialogResult = DialogResult.OK;
            this.Close();
        }

        //------------------------------------------------------------
        private void ButtonCancel_Click(object sender, EventArgs e)
        {
            this.Close();
        }
    }
}

using System;
using System.Collections.Generic;
using System.Drawing;

namespace SimpleGraphics
{
    partial class FormMain
    {
        class SideInfo                          //定义活性边表元素类
        {
            public int y_top;                   //某边的较大纵坐标(y_max)
            public double x_int;                //某边与当前扫描线交点的横坐标
            public int delta_y;                 //扫描线与某边较小纵坐标之差,
                                                //  即边的生命值
            public double x_change_per_scan;    //扫描线每下移一次,某边与其交
                                                //  点横坐标的变化值

            public SideInfo()
            {
                y_top = 0;
                x_int = 0f;
                delta_y = 0;
                x_change_per_scan = 0f;
            }
        }

        private int first_s = 0;                //定义first 标志
        private int last_s = 0;                 //定义last 标志
        private List<SideInfo> sides;
```

```
//-------------------------------------------------------------
//多边形集合的填充函数
private void fillPolygons(List<Polygon> plys, Color fColor, int trans,
Graphics g)
{
    fColor = Color.FromArgb(trans, fColor);
    for (int i = 0; i < plys.Count; i++)
        ScanFill(plys[i], fColor, g);
}


//-------------------------------------------------------------
//此函数为填充一个多边形的函数,并起着总调度的作用,负责调用其他函数
private void ScanFill(Polygon fillPly, Color fillColor, Graphics g)
{
    int count = fillPly.Vertexes.Length;
    Point[] RegionVertexes = new Point[count];
    Array.Copy(fillPly.Vertexes, RegionVertexes, count);
    sides = new List<SideInfo>();
    int bottomscan = BuildSidesList(RegionVertexes, g, fillColor);
    SortSidesList();                    //按每条边的较大 y 值排序
    int scan;
    first_s = 0;
    last_s = 0;
    for (scan = sides[0].y_top; scan > bottomscan; scan--)
    {                                   //扫描线 scan 从最高点开始到
                                        //    最低点的扫描
        update_first_and_last(sides.Count, scan);
                                //更新标志
        int x_int_count = process_x_intersections(scan);
                                //处理各交点 x 值
        draw_lines(scan, x_int_count, first_s, g, fillColor);
                                //画出扫描线
        update_sides_list();    //更新活性边表
    }
    sides.Clear();
    g.DrawPolygon(new Pen(Color.Red, 2f), RegionVertexes);
}


//-------------------------------------------------------------
//此函数功能是建立活性边表
private int BuildSidesList(Point[] Vertexes, Graphics g,
```

```
Color fillColor)
{
    int n = Vertexes.Length;
    int p1, p2, p3;
    p1 = n - 1;
    int bottomscan = Vertexes[p1].Y;
    for (int i = 0; i < n; i++)
    {
        p2 = i;
        p3 = (i + 1) % n;
        if (Vertexes[p2].Y == Vertexes[p1].Y)
            g.DrawLine(new Pen(fillColor, 1f), Vertexes[p1],
            Vertexes[p2]);
        else
        {
            double deltax = Vertexes[p2].X - Vertexes[p1].X;
            double deltay = Vertexes[p2].Y - Vertexes[p1].Y;
            double change_perscan = deltax / deltay;
            int x_int_tmp = Vertexes[p2].X;
            sides.Add(new SideInfo());
            int dy = Math.Abs(Vertexes[p1].Y - Vertexes[p2].Y);
            sides[sides.Count - 1].delta_y = dy;
            if (Vertexes[p1].Y < Vertexes[p2].Y)
                if(Vertexes[p2].Y < Vertexes[p3].Y)
                {
                    Vertexes[p2].Y--;
                    x_int_tmp = Convert.ToInt32(x_int_tmp -
                    change_perscan);
                    sides[sides.Count - 1].delta_y--;
                }
            else if (Vertexes[p1].Y > Vertexes[p2].Y)
            {
                if (Vertexes[p2].Y > Vertexes[p3].Y)
                {
                    Vertexes[p2].Y++;
                    x_int_tmp = Vertexes[p1].X;
                    sides[sides.Count - 1].delta_y--;
                }

            }
            sides[sides.Count-1].x_change_per_scan = change_perscan;
```

```
            if (Vertexes[p1].Y > Vertexes[p2].Y)
                sides[sides.Count - 1].x_int = Vertexes[p1].X;
            else
                sides[sides.Count - 1].x_int = x_int_tmp;
            sides[sides.Count - 1].y_top = Math.Max(Vertexes[p1].
            Y,Vertexes[p2].Y);
        }
        if (Vertexes[p2].Y < bottomscan)
            bottomscan = Vertexes[p2].Y;
        p1 = p2;
    }
    return bottomscan;
}

//-------------------------------------------------------------
//此函数的功能是将活性边表中的边按各条边较大的 y 值(y_top)进行排序
void SortSidesList()
{
    SideInfo tmpSide = new SideInfo();
    for (int i = sides.Count - 1; i > 0; i--)
        for (int j = 0; j < i; j++)
            if (sides[j].y_top < sides[j + 1].y_top)
            {
                tmpSide = sides[j];
                sides[j] = sides[j + 1];
                sides[j + 1] = tmpSide;
            }
}

//-------------------------------------------------------------
//此函数的功能是在活性边表中前移当前边一个位置
private void swap(int entry)
{
    int i_tmp;
    double f_tmp;
    i_tmp = sides[entry].y_top;
    sides[entry].y_top = sides[entry - 1].y_top;
    sides[entry - 1].y_top = i_tmp;
    f_tmp = sides[entry].x_int;
    sides[entry].x_int = sides[entry - 1].x_int;
    sides[entry - 1].x_int = f_tmp;
```

实验 21 矢量多边形的裁剪与填充

```
        i_tmp = sides[entry].delta_y;
        sides[entry].delta_y = sides[entry - 1].delta_y;
        sides[entry - 1].delta_y = i_tmp;
        f_tmp = sides[entry].x_change_per_scan;
        sides[entry].x_change_per_scan = sides[entry - 1].
        x_change_per_scan;
        sides[entry - 1].x_change_per_scan = f_tmp;
}

//-----------------------------------------------------------
//更新 first 和 last 标志
private void update_first_and_last(int count, int scan)
{
    while (((last_s < (count - 1) && sides[last_s + 1].y_top >= scan)))
        last_s++;//在 last_s 还没有移到最后并且 last_s 的下一边尚未被扫
                 描到时,last_s 后移
    while (sides[first_s].delta_y == 0 && first_s < last_s)
        first_s++;// first_s 只要所指边的 delta_y 为 0 且在 last_s 之后,
                 则 first_s 后移
}

//-----------------------------------------------------------
//若需要,则按 scan 与多边形交点 x 值将 first 和 last 之间的边进行排序,以便
  按顺序画出填充线
private void sort_on_x(int entry)//
{
    while ((entry > first_s) && (sides[entry].x_int < sides[entry-1].
    x_int))
        {                     //若当前边与 scan 交点 x 值小于在活性边表中排在它之
                                前的 x 值,则它前移
        swap(entry);  //前移一个位置
        entry--;
        }
}

//-----------------------------------------------------------
//处理扫描线 scan 与多边形的交点 x 值
private int process_x_intersections(int scan)
{
    int k;
    int x_int_count = 0;
```

```
    for (k = first_s; k < last_s + 1; k++)//
    {                                       /* 通过循环来记录描线 scan 目前
                                               和多边形    */
        if (sides[k].delta_y > 0)   /* 有几个交点，如需要按交点 x 值
                                               将活性    */
        {                                   /* 边表重新排序，以便按顺序画出
                                               填充线    */
            x_int_count++;
            sort_on_x(k);
        }
    }
    return x_int_count;
}

//----------------------------------------------------------------
//画出扫描填充线，按照交点 x 值的奇偶特性进行画线
private void draw_lines(int scan, int x_int_count, int i,
Graphics g, Color fColor)
{
    int k, x1, x2;
    for (k = 1; k <= (x_int_count) / 2; k++)
    {
        while (sides[i].delta_y == 0)
            i++;
        x1 = (int)(sides[i].x_int);
        i++;
        while (sides[i].delta_y == 0)
            i++;
        x2 = (int)(sides[i].x_int);
        g.DrawLine(new Pen(fColor, 1f), x1, scan, x2, scan);
        i++;
    }
}

//----------------------------------------------------------------
//此函数的功能是更新活性边表，主要是 delta_y 和 x_int 两项
private void update_sides_list()
{
    int k;
    for (k = first_s; k < last_s + 1; k++)   //更新只针对 first 与
                                             //  last 之间的边
```

```
        {
            if (sides[k].delta_y > 0)        //条件是此边的delta_y>0，表
                                             //  明它正在被扫描
            {
                sides[k].delta_y--;          // delta_y 减一
                sides[k].x_int -= sides[k].x_change_per_scan;
            }    /* x_int 减去每次扫描中横坐标的变化量，对于每条边它们各自*/
        }        /*的变化量（x_change_per_scan）各不相同。*/
    }
}
```

3. 自主练习

(1) 实现鼠标交互输入裁剪框的多边形裁剪。

(2) 实现交互输入填充颜色的多边形扫描线填色。

实验 22　栅格数据结构设计应用

栅格数据是 GIS 中常见的数据之一，使用栅格不同的像元颜色来可视化表达不同的属性类别。栅格结构采用像元阵列的方式将地理空间划分为若干行、列来确定每个像元的位置。像元是栅格数据的最小单元。栅格的每个像元中可存储多个波段值。因此，栅格数据的组织结构上可分为基于波段、基于像元以及基于多边形等其他组织方式。基于像元的组织方式是以像元为单位，依次存储单个像元的所有属性值。基于波段的组织方式是以波段的方式存储所有行列的一个属性值，结束后再存储下一波段所有行列的属性值。

实验目的：使用 C#语言设计 Grid 类，利用类创建、读写、转换栅格图片。为便于理解栅格结构，采用三维数组 int[,,]来模拟栅格的像元行列号及对应的 RGB 三个波段的值，实现对栅格数据的基本设计和应用。

相关实验：类的定义和使用。

实验内容：实现类的定义，栅格数据的读写。

1. 栅格类的设计与实现

假设一张栅格图片的逻辑结构如图 22-1 所示。定义 Gird 类的宽(width)和高(height)，定义三维数组 int[Height, Width,3]，CellsValue 用来存储栅格 RGB 属性值。

栅格数据文件	
像元1	隐含位置X,Y
	R
	G
	B
	A
像元2	隐含位置X,Y
	R
	G
	B
	A
…	
像元n	隐含位置X,Y
	R
	G
	B
	A

	栅格数据文件	
R	像元1	隐含位置X,Y
	像元2	隐含位置X,Y
	…	隐含位置X,Y
	像元n	隐含位置X,Y
G	像元1	隐含位置X,Y
	像元2	隐含位置X,Y
	…	隐含位置X,Y
	像元n	隐含位置X,Y
B	像元1	隐含位置X,Y
	像元2	隐含位置X,Y
	…	隐含位置X,Y
	像元n	隐含位置X,Y
A	像元1	隐含位置X,Y
	像元2	隐含位置X,Y
	…	隐含位置X,Y
	像元n	隐含位置X,Y

图 22-1　常用栅格数据结构示意图

程序示例 1　栅格类。

```
namespace DatasetGrid
```

```csharp
{
    class Grid
    {
        public Grid() { }  //构造函数
        public ~Grid() { } //析构函数
        public int Height {get;set;} // 获取或者设置栅格数据的高和宽
        public int Width { get; set; }
        public ImageFormat GridFormat { get; set; }//获取或者设置栅格的数据格式
        public int Resolution { get; set; }// 获取或设置栅格的分辨率
        public int[,] Cells_Value { get; set; }//获取或者设置栅格数据的属性值
        public Color[] GridTableColor { get; set; }//定义栅格颜色表
        public double[] Statistics{get;}//获取栅格数据集的最大值、最小值、均值等
        // 创建一个空白的栅格文件,并保存在路径 strPath 下
        public void CreateBitMap(string strPath)
        {
            Bitmap Create_bitmap = new Bitmap(Width, Height);//创建一个栅
                                                              格对象
            Create_bitmap.SetResolution(Resolution, Resolution);
                    //设置垂直和水平分辨率
            Create_bitmap.Save(strPath, GridFormat);//保存栅格到指定的路径
            Create_bitmap.Dispose(); // 注销栅格对象
        }

        // 创建一个栅格图片,写入栅格值,保存在路径 strPath 下
        public void WriteBitMap(string strPath)
        {
            Bitmap Write_bitmap = new Bitmap(Width, Height);
            Write_bitmap.SetResolution(Resolution, Resolution);
            //设置垂直和水平分辨率
            for (int i = 0; i < Cells_Value.GetLength(0); i++)
            {
                for (int j = 0; j < Cells_Value.GetLength(1); j++)
                {
                    Write_bitmap.SetPixel(j, i, Color.FromArgb
                    (Cells_Value[i, j, 0], Cells_Value[i, j, 1],
                    Cells_Value[i, j, 2]));//将存储在 Cells_Value 中的
                                            RGB 值赋值给每个像元
                }
            }
            Write_bitmap.Save(strPath, GridFormat);// 保存栅格
```

```csharp
            Write_bitmap.Dispose();
}

//读取栅格图片的 RGB 像元值，返回到一个三维数组中
public int[, ,] ReadBitmap(string path)
{
        Bitmap _bitmap = new Bitmap(path);
        int[, ,] array = new int[_bitmap.Height, _bitmap.Width, 3];
        for (int i = 0; i < _bitmap.Height; i++)
        {
            for (int j = 0; j < _bitmap.Width; j++)
            {
                array[i, j, 0] = _bitmap.GetPixel(j, i).R;
                array[i, j, 1] = _bitmap.GetPixel(j, i).G;
                array[i, j, 2] = _bitmap.GetPixel(j, i).B;
            }
        }
        return array;
}

//修改指定行列号的单个像元 RGB 颜色值
public int[, ,] EditCellValues(int[, ,] CellsValues, int i, int j, Color color)
{
        CellsValues[i, j, 0] = color.R;
        CellsValues[i, j, 1] = color.G;
        CellsValues[i, j, 2] = color.B;
        return CellsValues;
}

// 修改指定范围的多个像元的 RGB 颜色值为单一颜色
public int[, ,] EditCellsValues(int[, ,] CellsValues, int i_min, int j_min,int i_max,int j_max, Color color)
{
      for (int j = j_min; j < j_max;j++ )
      {
            for (int i = i_min; i < i_max; i++)
            {
                CellsValues[i, j, 0] = color.R;
                CellsValues[i, j, 1] = color.G;
```

```
                    CellsValues[i, j, 2] = color.B;
            }
        }
        return CellsValues;
}


//将输入路径的彩色栅格图片转为一张灰度图,灰度值取 RGB 颜色的平均值(R+G+B)/3
public void RGBToGray(string in_path,string out_path)
{
        Bitmap bitmap = new Bitmap(in_path);
        for (int i = 0; i < bitmap.Height; i++)
        {
                for (int j = 0; j < bitmap.Width; j++)
                {
                        Color c = bitmap.GetPixel(j,i);//获取栅格现有
                                                              的 Color
 Color c_new=Color.FromArgb((c.R+c.G+c.B)/3,(c.R+c.G+c.B)/3,(c.
R+c.G+c.B)/3);
                        bitmap.SetPixel(j, i, c_new);
                }
        }
        bitmap.Save(out_path);
        bitmap.Dispose();
}


// 将 32 位位图转换为 16 位位图
public void Bitmap32ToBitmap16(string in_path, string out_path)
{
    Bitmap bitmap = new Bitmap(in_path);
    Rectangle rec = new Rectangle(0,0,bitmap.Width,bitmap.Height);
                    //设置转换的区域
    Bitmap new_bitmap = bitmap.Clone(rec, PixelFormat.
    Format16bppRgb565);
    new_bitmap.SetResolution(bitmap.HorizontalResolution,bitmap.
    VerticalResolution);
    new_bitmap.Save(out_path);
}
}
}
```

2. 栅格类的数据读写

栅格由像元单位组成，实验假设：每个像元采用 RGB 的方式存储三个波段的颜色值组成其灰度值。CellsValue[Height, Width,3]表示对应行列号像元的 RGB3 个波段的颜色值。创建一个 bitmap，采用顺序遍历的方式将颜色值写入到 RGB 3 个波段中。栅格类在 C#工程中的关系如图 22-2 所示。

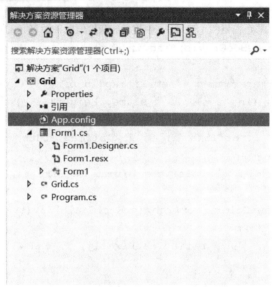

图 22-2　栅格应用的 C#工程结构图

数据读写涉及空白栅格数据的创建、自定义栅格数据的创建、栅格中单个像元值的修改、栅格中区域像元值的修改。

(1) 创建一副空白的 64×64 的 TIFF 图片，分辨率(dpi)为 4。

程序示例 2

```
private void button1_Click(object sender, EventArgs e)
{
        Grid grid = new Grid();
        grid.Width =64;
        grid.Height =64;
        grid.Resolution =4;
        grid.GridFormat = System.Drawing.Imaging.ImageFormat.Tiff;
        string path = "d:\\NewBit." + grid.GridFormat.ToString();
        grid.CreateBitMap(path);
}
```

(2) 创建自定义数据的栅格，栅格大小 5×5，并将三维数组的值写入到栅格中，栅格的分辨率(dpi)为 1，结果为彩色条纹图(图 22-3)，奇数列为多彩色,偶数列为黑色。

图 22-3 创建结果

程序示例 3

```
private void button5_Click(object sender, EventArgs e)
{
            Grid grid2 = new Grid();
            grid2.Width = 5;
            grid2.Height =5;
            grid2.Resolution = 1;
            SaveFileDialog saveFileDialog = new SaveFileDialog();
            saveFileDialog.Filter = @"Bitmap 文件(*.bmp)|*.bmp|Jpeg 文件
            (*.jpg)|*.jpg|所有合适文件(*.bmp,*.jpg)|*.bmp;*.jpg";
            saveFileDialog.FilterIndex = 3;
            if (DialogResult.OK == saveFileDialog.ShowDialog())
            {
                ImageFormat format = ImageFormat.Jpeg;
                switch (Path.GetExtension(saveFileDialog.
                FileName).ToLower())
                {
                    case ".jpg":
                        format = ImageFormat.Jpeg;
                        break;
                    case ".bmp":
                        format = ImageFormat.Bmp;
                        break;
                    default:
                        MessageBox.Show(this, "Unsupported image
                        format was specified", "Error",
                        MessageBoxButtons.OK, MessageBoxIcon.
```

```
                    Error);
                    return;
        }
        grid2.GridFormat = format;
        // 声明存储栅格像元值的三维数组的大小并赋值
        grid2.Cells_Value = new int[grid2.Height, grid2.
        Width, 3];
        Random rd = new Random();
        for (int i = 0; i < grid2.Height; i++)
        {
          for (int j = 0; j < grid2.Width; j++)
          {//自定义栅格图片每个像元的值:1~200 奇数列像元 RGB 值
              为随机值,偶数列为黑色
              if (j% 2 == 0)
              {
                    grid2.Cells_Value[i,j,0]=rd.Next(0,255);
                    grid2.Cells_Value[i,j,1]=rd.Next(0,255);
                    grid2.Cells_Value[i,j,2]=rd.Next(0,255);
              }
              else
              {
                    grid2.Cells_Value[i, j, 0] = 0;
                    grid2.Cells_Value[i, j, 1] = 0;
                    grid2.Cells_Value[i, j, 2] = 0;
              }
          }
        }
        grid2.WriteBitMap(saveFileDialog.FileName);
              //写入栅格值到栅格图片中
     }
}
```

(3) 读取栅格图片中的所有像元的值,并输出为阵列的形式(图 22-4)。

程序示例 4

```
private void button2_Click(object sender, EventArgs e)
{
        Grid grid3 = new Grid();
        int[, ,] array = grid3.ReadBitmap("C:\\Gray.bmp");
        for (int i = 0; i < array.GetLength(0); i++)
        {
              for (int j = 0; j < array.GetLength(1); j++)
```

实验 22 栅格数据结构设计应用

```
                {
                    if (j == array.GetLength(1) - 1)
                        textBox1.Text += array[i,j,0] + "\r\n";
                    else
                        textBox1.Text += array[i, j, 0] + " ";
                }
            }
}
public int[,,] ReadBitmap(string path)
{
    Bitmap _bitmap = new Bitmap(path);   // 读取指定路径下的栅格
    int[, ,] array = new int[_bitmap.Height, _bitmap.Width,3];
        //声明一个三维数组存储对应行列号的 RGB 颜色值
    for (int i = 0; i < _bitmap.Height; i++)//顺序遍历栅格每个像元，获
                                            取其对应的 RGB 颜色值
    {
        for (int j = 0; j < _bitmap.Width; j++)
        {
            array[i, j, 0] = _bitmap.GetPixel(j, i).R;
            array[i, j, 1] = _bitmap.GetPixel(j, i).G;
            array[i, j, 2] = _bitmap.GetPixel(j, i).B;       }
    }
    return array;// 返回存储 RGB 颜色值的三维数组
}
```

(4) 修改指定行列的像元 RGB 颜色值。修改第 3 行颜色为红色，结果如图 22-5 所示。

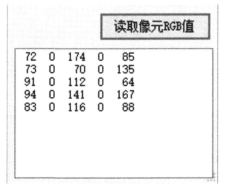

图 22-4 输出像元的阵列形式

图 22-5 像元颜色值修改示意图

程序示例 5

```
private void button6_Click(object sender, EventArgs e)
```

```
{
        Grid grid = new Grid();
        int[, ,] old_values = grid.ReadBitmap(@"C:\MulColor.bmp");
        grid.Width = old_values.GetLength(1);
        grid.Height = old_values.GetLength(0);
        grid.Cells_Value=grid.EditCellsValues(old_values,2,3,
        old_values.GetLength(1),
        Color.FromArgb(0,100, 0, 0));
         grid.WriteBitMap(@"C:\NewMulColor.bmp");
        MessageBox.Show("修改成功! ");
}
  public int[, ,] EditCellsValues(int[, ,] CellsValues, int i_min,
  int j_min,int i_max,int j_max, Color color)
  {
       for (int j = j_min; j < j_max;j++ )
       {
            for (int i = i_min; i < i_max; i++)
            {
                    CellsValues[i, j, 0] = color.R;
                    CellsValues[i, j, 1] = color.G;
                    CellsValues[i, j, 2] = color.B;
            }
       }
            return CellsValues;
  }
}
```

(5) 修改指定行列号像元的 RGB 颜色值。

程序示例 6

```
public int[, ,] EditCellValues(int[, ,] CellsValues, int i, int j,
Color color)
{
     CellsValues[i, j, 0] = color.R;
     CellsValues[i, j, 1] = color.G;
     CellsValues[i, j, 2] = color.B;
     return CellsValues;
}
```

3. 网格的应用

栅格数据的应用十分广泛，遥感图像处理、人脸识别等多方面都涉及栅格图片的应用。本小节介绍栅格图片的一些基本应用,以帮助理解栅格的基本结构。

(1) 灰度图。将一张已有彩色栅格图转换为灰度图(图 22-6)。

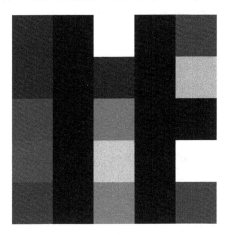

图 22-6　彩色栅格像元转灰度像元

程序示例 7

```
private void button3_Click(object sender, EventArgs e)
{
    Grid grid = new Grid();
    grid.RGBToGray(@"C:\MulColor.bmp", @"C:\Gray.bmp");
    MessageBox.Show("彩图转换灰度值成功! ");
}
public void RGBToGray(string in_path,string out_path)
{
    Bitmap bitmap = new Bitmap(in_path);
    for (int i = 0; i < bitmap.Height; i++)
    {
        for (int j = 0; j < bitmap.Width; j++)
        {
            Color c = bitmap.GetPixel(j,i);
            Color c_new=Color.FromArgb((c.R+c.G+c.B)/3,(c.R+c.
            G+c.B)/3,(c.R+c.G+c.B)/3);
            bitmap.SetPixel(j, i, c_new);
        }
    }
    bitmap.Save(out_path);
    bitmap.Dispose();
}
```

(2) 将32位像元转换为16位(图22-7)。

程序示例8

```
private void button4_Click(object sender, EventArgs e)
{
Grid grid = new Grid();
grid.Bitmap32ToBitmap16(@"C:\MulColor.bmp", @"C:\32To16.bmp");
MessageBox.Show("位图转换成功! ");
}
public void Bitmap32ToBitmap16(string in_path, string out_path)
{
    Bitmap bitmap = new Bitmap(in_path);
    Rectangle rec = new Rectangle(0,0,bitmap.Width,bitmap.Height);
    //Bitmap new_bitmap=bitmap.Clone(rec,PixelFormat.Format24bppRgb);
    Bitmap new_bitmap=bitmap.Clone(rec, PixelFormat.Format16bppRgb565);
    new_bitmap.SetResolution(bitmap.HorizontalResolution,bitmap.
    VerticalResolution);
    new_bitmap.Save(out_path);
}
```

(3) 栅格统计,最大值、最小值、均值、中值、众数、稀数、方差、标准差等(图22-8)。

图 22-7 32 位像元转 16 位像元　　　　图 22-8 栅格统计结果

程序示例9

```
public int[, ,] ReadBitmap(string path)
{
        Bitmap _bitmap = new Bitmap(path);
        int[, ,] array = new int[_bitmap.Height, _bitmap.Width, 3];
```

```
        for (int i = 0; i < _bitmap.Height; i++)
        {
                for (int j = 0; j < _bitmap.Width; j++)
                {
                            array[i, j, 0] = _bitmap.GetPixel(j, i).R;
                            array[i, j, 1] = _bitmap.GetPixel(j, i).G;
                            array[i, j, 2] = _bitmap.GetPixel(j, i).B;
                }
        }
        return array;
}
```

4. 自主练习

(1) 栅格分辨率的大小和栅格显示比例尺的关系是什么？

(2) 多波段栅格的表达和单波段栅格表达的区别？

参 考 文 献

傅学庆,李仁杰,张军海. 2011. 全曲轴地学量化图形的 GDI+实现方法. 测绘科学, 36(04): 238-239, 220.

刘伟,傅学庆,李仁杰,等. 2018. 地学量化图形专题符号的实现与应用. 辽宁工程技术大学学报(自然科学版), 37(06): 920-926.

严蔚敏,李冬梅,吴伟民. 2017. 数据结构(C 语言版). 2 版. 北京: 人民邮电出版社.

微软公司. 2018. C#指南. https://docs.microsoft.com/zh-cn/dotnet/csharp/. 2018/01/30.

徐安东. 2012. Visual C#程序设计基础. 北京: 清华大学出版社.

余青松,江红. 2014. C#程序设计实验指导与习题测试. 2 版. 北京: 清华大学出版社.

郑宇军,王侃. 2008. C#语言程序设计基础. 北京: 清华大学出版社.